Volker Hoffmann · Das Schloß von Écouen

Beiträge zur Kunstgeschichte

Herausgegeben von

Günter Bandmann, Erich Hubala, Wolfgang Schöne

Band 5

Walter de Gruyter & Co.
Berlin 1970

Das Schloß von Écouen

von

Volker Hoffmann

Walter de Gruyter & Co.
Berlin 1970

Archiv-Nr. 3570702

Printed in Germany

Satz und Druck: Otto v. Holten, Berlin 30

Herstellung der Klischees: Klischee-Union, Ernst Dummer, Berlin

Umschlaggestaltung: Barbara Proksch, Frankfurt am Main

Vorwort

Die Philosophische Fakultät der Ludwig-Maximilians-Universität zu München hat diese Arbeit im Sommer 1968 als Inaugural-Dissertation angenommen. – Eine wissenschaftliche Studie antwortet dort, wo sie den Boden der reinen Sachforschung verläßt, auf Fragen, die im Umkreis ihres Autors gestellt werden: so möchte diese Arbeit vor dem Hintergrund der von Erich Hubala entwickelten Anschauungen zur italienischen Renaissance-Architektur und im Zusammenhang mit den Lehren Hans Sedlmayrs gesehen werden.

Meinem verehrten Lehrer, Herrn Professor Hubala, danke ich die Freude des Studiums, und ich danke sie Herrn Professor Sedlmayr. Dankbar verbunden weiß ich mich auch Herrn Professor Gross und Herrn Professor Messerer.

In Frankreich haben mich bei der praktischen Durchführung meiner Arbeit freundlichst unterstützt: Fräulein Plouin, Herr Professor Chastel, Herr Inspektor Féray, Herr Architekt Stym-Popper und Herr Konservator Erlande-Brandenburg – ich sage ihnen meinen Dank.

Dank schulde ich auch der Studienstiftung des deutschen Volkes für die großzügige finanzielle Förderung meines Studiums.

Daß meine Arbeit als Buch erscheinen kann, ich danke es den Herausgebern und dem Verlag der „Beiträge" sowie dem Stifterverband der deutschen Industrie, der einen hohen Zuschuß zu den Druckkosten gewährt hat.

V. H.

Inhaltsverzeichnis

I. Einführung[1]

Das Schloß von Écouen liegt zwanzig Kilometer nördlich von Paris, linker Hand der Straße nach Chantilly, der heutigen Route Nationale Nr. 16. Es ist dort auf einem Hügel errichtet, der, von Süden und Westen ansteigend, nach Norden und Nordosten hin abbricht und von dort den Blick meilenweit in die Ebene von Parisis freigibt. Am Fuße dieses Abhangs liegt die Ortschaft Écouen.

Écouen ist unter dem Namen Iticiniscoa bereits im Jahre 632 in einer Schenkungsurkunde genannt, kraft der Dagobert I. den Ort der Abtei von Saint-Denis übereignete. Seit dem 11. Jahrhundert ist Écouen (Esconium) im Besitz der Barone von Montmorency — bis zum Tode des letzten männlichen Erben, 1632. Wann dort zum ersten Male eine Burg oder ein Schloß errichtet wurde, ist nicht bekannt; jedenfalls gab es in Écouen schon vor dem heute bestehenden Bau einen Herrensitz[2]. Reste eines solchen Bauwerks sind über der Erde jedoch nicht mehr aufzufinden.

Bei der Erbteilung des Jahres 1522 fiel mit der Baronie auch Écouen an den zweiten Sohn des Guillaume de Montmorency: Anne de la Rochepot. Nach dem Tode Guillaumes, 1531, übernahm er das Erbe der Montmorency (es setzte ihn in den Besitz eines maßlosen Vermögens), und als der «große Konnetabel» hat er sich später einen ruhmvollen Platz in der Geschichte Frankreichs errungen. In den Jahren zwischen 1531 und 1563 ließ Anne de Montmorency das heute bestehende Schloß von Écouen errichten; und die Erhebung der Baronie der Mont-

---

[1] Eine gute Zusammenfassung der Geschichte des Schlosses von Écouen gibt Jacques-Ferdinand Chevalier, Écouen. La paroisse, le château, la Maison d'éducation. Versailles 1865, S. 174—195. Vgl. auch Charles Terasse, Le château d'Écouen. Paris 1925, S. 5—25. — Zu allen Einzelfragen der Familiengeschichte der Montmorency vgl. die in der Bibliographie angegebene Spezialliteratur.
Es sei an dieser Stelle hingewiesen auf den Aufsatz über das Schloß von Écouen von Prof. Carl Linfert. Dieser Aufsatz war für den (nicht erschienenen) dritten Band der „Kunstwissenschaftlichen Forschungen", 1933, vorgesehen, ist aber nie veröffentlicht worden. Ich habe das Manuskript nicht einsehen können.

[2] G. Macon, Les architectes de Chantilly au XVIe siècle. Senlis 1900, S. 24 publiziert einen Brief vom 19. September 1530, in dem Pierre de Garges den Grand-Maître (Anne de Montmorency) über den Empfang eines Abgesandten des Kaisers unterrichtet; es heißt darin u. a. „.... puis Grolier accompagna M. de Noircarmes à Écouen, à Chantilly d'où l'ambassadeur partit, le 19 septembre . . .".
Franz I. hielt sich für jeweils einen oder mehrere Tage in Écouen in folgenden Jahren auf: 1517, 1526, 1527, 1529, 1531. Vgl. Catalogue des Actes de François Ier, Tome 8 (Itinéraire). Paris 1905.

morency zum Herzogtum im Jahre 1551 durch Heinrich II. hat die Baugesinnung des Schloßherrn gewandelt: die Architektur der Antike hielt jetzt Einzug. — Anne de Montmorency starb 1567, doch fiel bereits bei der Erbteilung des Jahres 1563 mit dem Herzogtum auch Écouen an den ältesten Sohn, François. François starb 1579; die Witwe des Anne de Montmorency, Madeleine de Savoie, hielt das Schloß in ihrer Obhut bis zu ihrem Tode im Jahre 1586.

Der letzte männliche Montmorency, Henri II, endete im Jahre 1632 auf dem Schaffott; das Schloß von Écouen kam an die älteste Schwester, Charlotte, Ehefrau des Henri de Bourbon, Prince de Condé — es blieb im Besitz der Condé bis ins Jahr 1793. Das Schloß wurde zum Staatseigentum erklärt und diente als Hospital, Gefängnis und Kaserne, bis es Napoleon 1806 der Ehrenlegion übereignete, die dort im folgenden Jahre eine Schule für die Töchter der Ritter der Ehrenlegion eingerichtet hat. 1814 wurde der Schloßbau an den Prince de Condé zurückgegeben, und der vererbte ihn 1830 an den Duc d'Aumale — die Ehrenlegion machte jedoch ältere Rechte geltend und gelangte 1838 wieder in seinen Besitz. 1850/51 wurde das Bauwerk instandgesetzt, 1851 konnte jene von Napoleon begründete Schule der Ehrenlegion erneut ihre Pforten auftun.

Im Jahre 1962 wurde diese Schule nach Saint-Denis verlegt, das Bauwerk selbst ist der Verwaltung der «Monuments Historiques» unterstellt worden. Der Schloßbau soll in den nächsten Jahren restauriert werden. Wie es heißt, will man ein Museum der französischen Renaissance einrichten.

Der Schloßbau, eine Vierflügelanlage, steht auf dem Rücken jenes Hügels von Écouen, und er ist mit seinen Fronten nach den Himmelsrichtungen orientiert (Abb. 1). Der Eingangsflügel liegt im Osten; von Südost führt eine Allee zum Schloß. Den Nordabhang sichert eine gemauerte, dem Schloßbau vorgelagerte Terrasse, an ihrem Fuße lag ein Ballspielplatz (jeu de paume), eingefaßt von zwei Pavillons — er wurde 1793 samt Pavillons demoliert. An den übrigen Seiten umfassen das Schloß ausgebaute Gräben, von denen sich jedoch der Baukörper durch eine schmale Terrasse absetzt. Von dieser Terrasse aus schieben sich befestigte (heute zum Teil zerstörte) Toranlagen wie Bastionen in den Ost- und Westgraben; Zugbrücken schützten ursprünglich den Zugang. An der Eingangsseite ist dem Graben eine aufgeschüttete, nach Norden und Osten abfallende Erdterrasse vorgelagert. (Nach den Stichen Ducerceaus hätte dort ein rechteckig eingefriedigter Garten gelegen; Ducerceau bemerkt jedoch, dieser Garten sei noch unfertig. Eine solche Anlage kann nie bestanden haben, das Gelände läßt es nicht zu[3].) — Im Süden und Westen erstreckt sich ein Gehölz, das in den Wald von Montmorency überging.

Die Flügel des Schloßbaus treten um das weite Rechteck des Hofes zusammen, aus ihrer Flucht springen außen die hohen Eckpavillons hervor, in den Ecken

[3] Androuet Ducerceau, Les plus excellents bastiments de France. Band II, Paris 1579.

stehen dort schlanke runde Treppentürme. Satteldächer und steile Walmdächer sitzen auf den Flügeln und Pavillons und auf den Türmen spitze Kegeldächer: die Dächer geben den Baukörpern die prismatische und zylindrische Grundgestalt, unterscheiden sie und schließen sie im Kristallverband zusammen. Über die geglätteten Kalksteinwände laufen feine Gesimse, schmale Lisenen teilen die Wände in Felder. Hohe klare Rechteckfenster sind in die Felder eingeschnitten, und sie sind senkrecht zusammengefaßt mit den Lukarnen am Dachansatz: so entstehen die Fronten. Die lebendige Phantastik der Lukarnen bleibt zwischen Dach und Wand in der Schwebe.

Vor dem Eingangsflügel erhob sich in der Mitte ein dreigeschossiger antikischer Portikus mit dem Reiterbild des Konnetabels (1787 fielen sie der Spitzhacke zum Opfer). Die Außenfront des Nordflügels gliedern Pilaster der toskanischen und dorischen Ordnung; davor die Hoheitsarchitektur einer Loggia: zwei aufeinandergestellte Triumphbögen, die mit einem Giebel bekrönt sind. Im Hof ist am Nordflügel dem König eine mächtige Ehrenpforte der dorischen und korinthischen Ordnung errichtet, gegenüber am Südflügel stehen die korinthischen Kolossalsäulen einer Ehrenpforte des Konnetabels. Ein kleiner dorischer Triumphbogen ist dem Westflügel vorgelegt, durch ein Triumphportal führt auch der Zugang zur Kapelle.

So vereinigt der Schloßbau von Écouen die Baukunst des herbstlichen Mittelalters und die Architektur einer prunkenden verjüngten Antike; ein Neubeginn der Spätgotik war von der Renaissance überholt noch vor seiner Vollendung.

II. Die Urkunden zu den Baumeistern und zur Baugeschichte[4]

Bis zum Erscheinen von Léon Palustres Werk «La Renaissance en France», 1879—1889[5], glaubten die Autoren, die über das Schloß von Écouen geschrieben haben, daß der gesamte Schloßbau von Jean Bullant errichtet worden sei. Palustre hat zuerst unterschieden zwischen dem Ursprungsbau des Schlosses, den er einem Meister Charles Billard zuschreibt, und den antikischen Portiken etc., die er Jean Bullant beläßt. Später haben Paul Vitry, Charles Terrasse, François Gebelin und vor allem Pierre du Colombier versucht, den Anteil Jean Goujons am Schloßbau zu fassen[6]. Eduard-Jacques Ciprut hat auf Pierre Tâcheron als möglichen Architekten des Ursprungsbaus hingewiesen.

1. Pierre Tâcheron

Der Architekt Pierre Tâcheron ist von Ciprut[7] entdeckt worden. Die Darstellung dieses Autors sei hier in Kurzfassung wiedergegeben:

---

[4] Ich gebe hier lediglich eine Kurzdarstellung des Forschungsstandes. — Nach einer Absprache mit Herr François-Charles JAMES habe ich keinen Einblick in das noch unveröffentlichte Archivmaterial genommen. Als ich meine Dissertation schrieb, hat Herr JAMES zur gleichen Zeit für die École Nationale des Chartes (Paris) eine Diplomarbeit über Jean Bullant verfaßt, und er hat vor allem die Archivalien ausgewertet. Beide Arbeiten sind im Januar 1968 abgeschlossen und eingereicht worden.
Eine kurze Zusammenfassung der Diplomarbeit ist bereits veröffentlicht worden in: École Nationale des Chartes. Position des Thèses soutenues par les élèves de la promotion de 1968 pour obtenir le diplôme d'Archiviste Paléographe. Paris 1968, S. 101—109. Das vollständige Manuskript ist unter der Nummer AB XXVIII 123 in den Archives Nationales zu Paris hinterlegt; Herr JAMES hat mir — wofür ich ihm danken möchte — die Lektüre dieses Manuskripts ermöglicht.
JAMES' Arbeit über Jean Bullant ist also noch nicht vollständig veröffentlicht: aus diesem Grunde habe ich es unterlassen, ihre Ergebnisse zu diskutieren und in meine Studie einzuarbeiten; meine Darstellung (besonders der Baugeschichte) ist sachlich unverändert geblieben, in den Fußnoten weise ich jedoch auf ergänzende oder abweichende Resultate hin.
Die Urkunden, die JAMES zu Écouen neu gefunden hat, sind im wesentlichen folgende:
a) In einem „ancien inventaire des titres d'Écouen“ die Erwähnung von zwei Paketen mit Rechnungen aus den Jahren 1539—1547 und 1548—1558 (die Papiere selbst müssen verloren gegeben werden).
b) Zwei Briefe des Konnetabels vom 5. Juni 1549 und vom 24. März 1550, welche die Bestellung von Fußboden-Fliesen „pour la gallerye d'Escouen“ betreffen.
c) Ein Brief vom 10. April 1554, in dem Lansac den Konnetabel darüber unterrichtet, daß der Kardinal Farnese die Marmorteile für einen Kamin hat schicken lassen.

Die Archives Nationales bewahren einen Rechnungsband (R4 204) auf, der die Zahlungen für die Arbeiten am Schloß von Folembray (bei Coucy, Picardie) in den Jahren 1542—1549 betrifft. Diese Rechnungen erlauben einmal eine sichere Bestimmung der Baudaten dieses Schlosses, zum anderen wird durch sie ein bisher unbekannter Architekt greifbar, der vom Konnetabel in den Jahren 1538—1548 beschäftigt worden ist.

Am 7. Juli 1538, auf einer seiner Reisen durch Frankreich, schrieb Anne de Montmorency aus Vauvert (Provence) an seinen Bruder François de la Rochepot, Generalleutnant für die Picardie, einen längeren Brief mit folgender Passage:

„Je vous prie que me renvoiez chez moy le masson maistre des œuvres de Picardye, affin qu'il entende à parachever ce que j'ay affaire chez moy, qui demeure pour son absence, qui m'est merveilleusement grant déplaisir, pour le desir que j'ay de trouver ce que j'ay affaire de luy à mon arrivée par delà, là où nous serons bientost, au plaisir de Dieu."

Wer war dieser Architekt? Ein kleiner Satz in dem oben genannten Rechnungsband könne (nach Ciprut) diese Frage beantworten. Unter den Belegen der Zahlungen, die Ende 1543 und in den ersten drei Monaten des Jahres 1544 getätigt wurden, ist zu lesen:

„A Pierre Tacheron, M^e^ des ouvrages du Roy en son pays de Picardye, la somme de IIII^{CL} solz pour ses sallaires d'avoir vacqué par l'espace de dix jours entiers tant à aller de sa maison d'Escouen, séjourner que retourner pour visiter et toizer led. ouvraige de massonnery dud. bastiment (von Folembray), pour ce ... cy XXII livres X s."

Daraus folgert Ciprut: 1. Der Architekt, den der Konnetabel so dringend anforderte, war Pierre Tâcheron und nicht Jean Bullant (wie Macon und Moreau-Nelaton vermutet haben)[8], zumal Bullant damals noch sehr jung gewesen sein muß. 2. Pierre Tâcheron hatte seinen Wohnsitz in Écouen zu dem Zeitpunkt, da dort die große Vierflügelanlage errichtet wurde.

Dieser Pierre Tâcheron ist um 1540 in Péronne nachzuweisen. Das Archiv dieser Stadt bewahrte vor dem Ersten Weltkrieg mehrere Register von Be-

---

d) Vier Briefe Guibillons vom 11. Juni 1562, 13. Oktober 1562, 17. September 1563 und 23. Juni 1565 an Madeleine de Savoie, in welchen von Reparaturen am Schloßbau berichtet wird.

[5] Léon PALUSTRE, La Renaissance en France. Band II, Paris 1881, S. 43—62.

[6] Paul VITRY, L'Architecture de la Renaissance en France. In: André MICHEL, Histoire de l'Art. Tome IV (1911), S. 491—571, bes. S. 552. Charles TERRASSE, Le château d'Écouen. Paris 1925, S. 20. François GEBELIN, Les châteaux de la Renaissance. Paris 1927, S. 87—95. Pierre du COLOMBIER, La chapelle d'Écouen. In: Gazette des Beaux-Arts, Feb. 1936, S. 79—94. — P. du COLOMBIER, Jean Goujon. Paris 1949, S. 41—52.

[7] Edouard-Jacques CIPRUT, Un architecte inconnu du Connétable de Montmorency. In: Bulletin de la Société de l'Histoire de l'Art français. 1956, S. 205—213.

[8] G. MACON, Les architectes de Chantilly au XVIe siècle. Senlis 1900. Etienne MOREAU-NELATON, Histoire de Fère-en-Tardenois. Paris 1911, Bd. II, S. 271.

schlüssen (registres de Résolution) für den Zeitraum von 1530—1545 auf, aus denen La Fons, Baron von Melicocq, diese Passage abgeschrieben hat: (Im Jahre 1540 schrieben die Schöffen [échevins] von Péronne an) „maistre Pierre Tacheron que son plaisir fust d'envoier la devise et patron de la ville".

Da diese Register während des Ersten Weltkriegs verschwunden sind, ist es nicht mehr möglich festzustellen, ob der Brief nach Écouen geschickt worden ist. — Sicher ist aber, daß der Baumeister 1542—1543 dort wohnte, da er ja dort sein Haus hatte. Und was bemerkenswert ist: er war noch 1557, selbst 1561 in Écouen; Ciprut hat seinen Namen in den Taufregistern von Écouen gefunden, wo Pierre Tâcheron am 6. Februar 1557 und am 16. Juli 1561 als Pate verzeichnet ist.

Bemerkung

Ciprut versucht dann zu zeigen, daß Pierre Tâcheron sehr wohl möglich der Architekt der Schlösser von Folembray, von La Fère und von Écouen gewesen sein kann — diese Angaben bleiben aber im Ungewissen; als Persönlichkeit läßt sich Pierre Tâcheron noch nicht fassen. So muß auch der Hinweis auf Pierre Tâcheron als Architekt des Ursprungsbaus von Écouen vorerst als bloße Hypothese aufgefaßt werden — als eine Hypothese freilich, die vielleicht auf die richtige Spur führt[9].

2. *Charles Billard*

Der Name Charles Billard (auch Billart oder Villart) ist in den „Comptes des bâtiments du Roi"[10] zwischen 1547 und 1550 mehrmals erwähnt. In Berichten über Arbeiten, die er im Auftrage Philibert Delormes in Saint-Germain en Laye ausgeführt hat, nennt sich Charles Billard „Maistre maçon de Monseigneur le Connestable". Billard muß also wenigstens zwischen 1547 und 1550 auch in den Diensten Annes de Montmorency gestanden haben. Da Anne de Montmorency zwischen 1531 und 1550 außer dem Schloßbau von Écouen keine größeren Bauten errichten ließ, liegt es nahe anzunehmen, daß Billard in Écouen gearbeitet hat. Gegenüber Palustre, der in Charles Billard den Architekten des Ursprungsbaus von Écouen sehen wollte, sind sich jüngere Autoren wie Vitry und Gebelin einig darin, Billard lediglich als ausführenden Baumeister anzuerkennen, da dieser sich sonst nirgends als selbständiger Architekt fassen und nachweisen läßt.

3. *Jean Goujon*

In seiner 1547 erschienenen Vitruv-Übersetzung erwähnt Jean Martin in der Widmung an Heinrich II. den Bildhauer Jean Goujon als „naguères archi-

---

[9] Vgl. Louis Hautecœur, Histoire de l'Architecture classique en France. Tome Ier, vol. I („La première Renaissance"). Paris 1963, S. 256—258.

[10] Léon de Laborde, Les comptes des bâtiments du Roi (1528—1571). 2 Bde., Paris 1877 bis 1880. Vgl. Bd. II, S. 294—95, 298, 302, 305, 321/22.

tecte de Monseigneur le Connetable, et maintenant l'un des vôtres". Das ist das einzige Schriftzeugnis, aus dem hervorgeht, daß Jean Goujon im Dienste Annes de Montmorency gestanden hat. Es muß auch hier angenommen werden, daß — sofern er überhaupt für den Konnetabel Bauwerke entworfen und ausgeführt hat — Goujon in Écouen gearbeitet hat, und es kommt dafür nur die Zeitspanne zwischen 1545 und 1547 in Betracht. Denn 1542 ist Goujon noch in Rouen tätig, dann Anfang 1544 in Paris, wo er die Arbeiten am Lettner von Saint-Germain l'Auxerrois ausführte — bis zu deren Abschluß Anfang 1545[11].

Bemerkung

In dieser Arbeit wird gezeigt, daß in Écouen gewisse, traditionell Goujon zugeschriebene Werke erst nach dem möglichen Aufenthalt Goujons in Écouen entstanden sein können. — Unter Mitwirkung von Goujon sind vielleicht nur die Altarmensa und eine der dorischen Lukarnen der Hoffront des Nordflügels geschaffen worden.

4. *Jean Bullant*

Jean Bullant hat in Écouen für Anne de Montmorency gearbeitet. Das bezeugt Bullant selbst in der Widmung seines 1564 erschienenen Architekturtraktats[12], in der er unter anderem schreibt: „Monseigneur, apres si peu de solicitude requise aux ouvrages à moy comandez, par Monseigneur le Conestable, vostre tres-cher & honoré pere, decoré de toute vertu: lequel m'a tousiours occupé & entretenu aux œuvres de son chasteau d'Escouen: à fin de ne me consommer en oisiueté (d'autant que la plus part du temps me restoit sans autre occupation), ie me suis employé à reduire en telle practique, . . , cinq manieres de colonnes, selon la doctrine de Vitruve . . .".

Spätestens seit 1553 hatte Bullant seinen Wohnsitz in Écouen. In den Taufregistern von Écouen ist er zwischen 1553 und 1575 sechzehnmal als Vater oder als Pate verzeichnet[13]. Am 10. Oktober 1578 starb er dortselbst; sein Testament ist erhalten geblieben[14].

Das Archiv Condé (Chantilly) bewahrt einen Zahlungsbeleg — „Estat des deniers quil faut paier comptant pour Monseigneur en avril et may 1561" —, in dem u. a. auch Bullant erwähnt ist: „A Me Jehan Bullant, pour Escouen

---

[11] P. du COLOMBIER, Jean Goujon. Paris 1949, S. 35 u. 41.

[12] Jean BULLANT, Reigle généralle d'Architecture des cinq manières de colonnes. Paris 1564.

[13] A. de MONTAIGLON, Jean Bullant, architecte du Connétable de Montmorency. Actes extraits des Registres de la Mairie à Écouen — 1556—1578. In: Archives de l'Art français, tome XI, S. 305—339. E.-J. CIPRUT gibt an, daß Bullant bereits 1553 und 1554 im Taufregister von Écouen steht; vgl. Anm. 7.
Ch. BAUCHAL, Nouveau Dictionnaire biographique et critique des architectes français. Paris 1887 teilt mit, Bullant habe im Juni 1550 in Paris eine Tochter taufen lassen. Da eine Quellenangabe fehlt, ist diese Mitteilung nicht nachzuprüfen.

[14] Adolphe BERTY, Les grands architectes de la Renaissance. Paris 1860, S. 151—168.

600 l.ts.“. Ebenfalls im Archiv Condé befindet sich ein Brief Bullants — datiert: Écouen, 23. September 1568 — an die Witwe des Konnetabels. Darin teilt Bullant der Herzogin u. a. mit, welche Schäden am Schloßbau von Écouen aufgetreten sind, und wie dieselben zu beheben seien[15].

Bis heute sind keine Urkunden bekannt geworden, die die Urheberschaft Bullants für irgendeine bestimmte Architektur des Schloßbaus mit Sicherheit bezeugen würden.

*

Die Urkunden zur Baugeschichte des Schlosses von Écouen sind ebenso spärlich wie die Urkunden zu den Baumeistern, ja es ist kein Schriftzeugnis bekannt geworden, nach welchem irgendein bestimmter Bauteil des Schlosses unmittelbar datiert werden könnte.

Am 29. September 1522 teilte Guillaume de Montmorency seinen Besitz unter seinen Kindern auf[16]. Mit der Baronie fiel auch Écouen an Anne, doch blieb die Verwaltung noch beim Vater. Erst nach dem Tode Guillaumes, im Juli 1531, konnte an den Neubau des Schlosses von Écouen gedacht werden. Es läßt sich nicht genau angeben, wann mit dem Bau begonnen wurde, vielleicht zwischen 1532 und 1535. Im Jahre 1538 müssen schon einige Teile aufrecht gestanden haben: Anne de Montmorency spricht in seinem (auf S. 7 bereits zitierten) Brief vom 7. Juli 1538 an seinen Bruder François de la Rochepot von: fertigstellen dessen, was er bei sich habe machen lassen.[17]

Auch für den Abschluß der Bauarbeiten läßt sich nur näherungsweise ein Zeitpunkt bestimmen. Im Jahre 1563 — vier Jahre vor seinem Tode — teilte Anne de Montmorency seine Güter unter seinen Kindern auf; mit dem Herzogtum fiel auch Écouen an den ältesten Sohn, François. François de Montmorency muß damals auch schon Schloßherr von Écouen geworden sein: Jean Bullant widmete ihm seinen 1564 erschienenen Architekturtraktat, während er seine 1561 und 1562 erschienenen Bücher zur „Horologiographie“ und zur Geometrie dessen Vater gewidmet hatte. Da aber sämtliche Bauwerke des Schlosses mit Anne de Montmorency verbunden werden müssen (wegen der an ihnen angebrachten Würdezeichen), kann angenommen werden, daß dort nach 1563 nicht mehr gebaut wurde; von Reparaturen usw. abgesehen.

---

15 Die beiden Dokumente sind abgedruckt bei: Gustave MACON, Les architectes de Chantilly au XVIe siècle. Senlis 1900, S. 41 u. 42.

16 Zur Familiengeschichte der Montmorency vgl.:
André DUCHESNE, Histoire généalogique de la Maison de Montmorency et de Laval. Paris 1624. — DESORMEAU, Histoire de la Maison de Montmorency. Paris 1764. — François DECRUE, Anne de Montmorency sous François Ier. Paris 1885. — François DECRUE, Anne de Montmorency sous Henri II, François II et Charles IX. Paris 1889.

17 J.-F. CHEVALIER, Écouen ... Versailles 1865, S. 142, gibt irrtümlich an, Franz I. habe 1538 in Écouen einen Erlaß unterzeichnet; der letzte Aufenthalt Franz I. in Écouen fällt ins Jahr 1531. Vgl. Catalogue des Actes de François Ier, Tome 8 (Itinéraire). Paris 1905, S. 477.

Insgesamt haben sich also die Bauarbeiten am Schloß von Écouen auf einen Zeitraum von knapp 30 Jahren erstreckt. — Aus dem Bauwerk selbst lassen sich weitere Daten gewinnen. So sind die Glasfenster der „Galerie der Psyche“ und ebenso einige Fußbodenfliesen auf das Jahr 1542 datiert, die Holztäfelung der Kapelle auf das Jahr 1548. Außerdem lassen sich aus den am Schloßbau angebrachten Wappen, Würdezeichen und Initialen des Konnetabels oder des Königs durch Rückschlüsse auf die politische Geschichte weitere Daten „ante quem“ oder „post quem“ ermitteln, so daß — noch bevor stilkritische Untersuchungen zu Hilfe genommen werden — eine annähernde Datierung einzelner Bauteile möglich ist.

III. Die Baugeschichte

Jeder Versuch einer Datierung der einzelnen Bauteile des Schlosses muß von Léon Palustres[18] grundlegender Einsicht ausgehen, daß der Schloßbau von mindestens zwei Architekten und in zwei wesentlich verschiedenen Baukampagnen errichtet worden ist. Demnach ist in der ersten Bauphase der Ursprungsbau des Schlosses in den Formen einer autochthonen französischen Architektur begonnen und in der zweiten Phase in den Formen einer von der Antike und der italienischen Renaissance geprägten Architektur ergänzt und vollendet worden.

Der Ursprungsbau stammt möglicherweise von Pierre Tâcheron, die antikischen Ergänzungen stammen wahrscheinlich von Jean Bullant. Es ist zu denken, daß für Spezialaufgaben — die Einwölbung der Kapelle, die Lukarnen, die Holzarchitekturen — weitere Fachleute hinzugezogen worden sind.

Was aber bedeutet: Ursprungsbau des Schlosses? War das Schloß in seiner Grundgestalt — Vierflügelanlage mit vorspringenden Eckpavillons — bereits fertiggestellt, als Bullant in den Bauvorgang eingriff, oder erfolgte dessen Eingriff schon vor der Vollendung eines ursprünglich geplanten Bauwerks? — Es ist ein wichtiges Problem der Baugeschichte des Schlosses, die Anteile der einzelnen Architekten zu unterscheiden und ihre Entstehungszeit zu bestimmen.

1. Der Westflügel und der Südflügel (Abb. 4, 6, 8, 13, 14)[19]

Die ältesten Teile des Schloßbaus sind der West- und der Südflügel mit den zugehörigen Pavillons. Die Glasfenster der Kapelle und der Sakristei sind auf das Jahr 1544 datiert, die Fenster mit der Geschichte der Psyche[20], welche sich in der Galerie des Westflügels (und nicht im Ostflügel!)[21] befanden, sind datiert

---

[18] Léon PALUSTRE, La Renaissance en France. Band II, Paris 1881, S. 48—62.

[19] Die — nach Palustre — beste Beschreibung der Baugeschichte des Schlosses von Écouen gibt François GEBELIN, Les châteaux de la Renaissance. Paris 1927, S. 87—95. Ich schließe an die Darstellung in Gebelins vortrefflichem Werke an.

[20] Diese Fenster werden heute im Musée Condé, Chantilly, aufbewahrt; sie sind abgebildet in: Lucien MAGNE, L'œuvre des peintres verriers français. Verriers des monuments élévés par les Montmorency. Montmorency—Écouen—Chantilly. Paris 1885.

[21] In der Literatur über Écouen wird ausnahmslos angenommen, die Psyche-Fenster hätten sich in der Galerie des Ostflügels befunden. In einer Beschreibung des Schlosses vom 4. August 1678 anläßlich eines Besuchs der Academie Royale d'Architecture heißt es aber, die Psyche-

auf das Jahr 1542. Spätestens in jenen Jahren also waren der Südflügel und der Westflügel fertiggestellt.

Diese Daten lassen sich noch genauer fassen. Unter dem Erker in der Mitte der Außenfront des Westflügels ist ein Relief angebracht, in dem unter anderem der feuerspeiende Salamander, das Wappentier Franz I., dargestellt ist; der Salamander findet sich außerdem in der gemalten Dekoration der Decke der Kapelle (Abb. 19, 20). Das läßt darauf schließen, daß jene Bauteile noch vor 1541, dem Jahr, da Anne de Montmorency am Hofe Franz I. in Ungnade fiel, ausgeführt worden sind.

Die Lukarnen der beiden Flügel (mit Ausnahme derjenigen der Hoffront des Westflügels) tragen das Montmorency-Wappen und den Degen des Konnetabels; diese beiden Motive kommen ebenfalls in der Decke der Kapelle und im Treppenhaus der großen Treppe des Südflügels vor. Das Amt des Konnetabels wurde Anne de Montmorency am 10. Februar 1538 übertragen; jene Bauteile, an denen das Würdezeichen des Konnetabels dargestellt ist, können also erst nach diesem Zeitpunkt entstanden sein. Es folgt daraus, daß der Westflügel und der Südflügel des Schlosses zwischen 1538 und 1541 fertiggestellt worden sein müssen.

Nun sind an den Lukarnen der Hoffront des Westflügels (Abb. 15, 33) weder das Montmorency-Wappen noch der Degen des Konnetabels angebracht, während diese Motive zumindest an der mittleren Lukarne der Außenfront des selben Flügels dargestellt gewesen sind (Abb. 35). Gebelin[22] vermutet, daß jenes Wappen und der Degen dort erst nachträglich eingesetzt worden seien, und er folgert, daß der Westflügel mit seinen Lukarnen schon vor 1538 vollendet gewesen sein muß.

Für die Vermutung, jene Wappen seien erst später angebracht worden, gibt es kein einleuchtendes Argument; doch spricht die Tatsache, daß auf der Hofseite weder das Wappen noch der Konnetabel-Degen gezeigt werden, für die Annahme, daß dort die Lukarnen schon vor 1538 aufgesetzt worden sind. Das bedeutet, daß der ganze Flügel „um 1538" fertiggestellt worden sein kann.

Vor Gebelin war auch schon Terrasse[23] der Ansicht, daß der Westflügel insgesamt früher vollendet und auch früher begonnen worden sei als der Südflügel. — Es gibt am Bauwerk in der Tat Erscheinungen, die für diese Annahme

---

Fenster seien in der Galerie des Westflügels. Vgl. LEMONNIER (Herausgeber), Procés Verbaux de l'Academie Royale d'Architecture. Tome I, Paris 1911, S. 195—198.

[22] GEBELIN, Les châteaux de la Renaissance. Paris 1927 (S. 92 Anm. 6, Abb. 167) bildet ein Foto der mittleren Lukarne ab, das vor der Restaurierung aufgenommen worden ist, und das beweisen soll, daß das Montmorency-Wappen und der Degen erst nachträglich dort eingesetzt worden sind. — Das stark beschädigte Wappen und der Degen sind noch deutlich sichtbar, doch sind die einzelnen Steinblöcke im Giebel dieser Lukarne genauso versetzt wie bei allen anderen Lukarnen derselben Front, so daß sich aus dem Foto kein Hinweis auf eine spätere Veränderung ergibt.

[23] Ch. TERRASSE, Le château d'Écouen. Paris 1925, S. 14.

sprechen; sie muß dennoch modifiziert werden, da sie in der vorliegenden Form sicher nicht richtig ist.

Der Westflügel mit den zugehörigen Pavillons enthält (ebenso wie der Ostflügel) keinerlei Treppen. Sämtliche Treppen des Schloßbaus sind im Süd- und Nordflügel sowie in den Rundtürmen dieser Flügel (mit Ausnahme des östlichen Turms des Südflügels) untergebracht. Die beiden Türme des Ostflügels und die beiden Erkertürmchen des Westflügels enthalten keine Treppen (Abb. 9, 10). — Es ist also offensichtlich, daß der Westflügel einschließlich seiner beiden Pavillons für sich allein nicht bestanden haben kann. Wenn aber der West- und der Südflügel tatsächlich in zwei aufeinanderfolgenden Baukampagnen errichtet sein sollen, so muß der Westflügel doch schon von vorneherein mit Teilen des Südflügels oder des Nordflügels, in welchen Treppen angelegt sind, geplant und aufgerichtet gewesen sein.

Sicher ist dieses: die runden Treppentürme zwischen den Westpavillons und dem Süd- bzw. Nordflügel sind zusammen mit den Pavillons erbaut, und dies scheint auch für die Wendeltreppe in rechteckigem Treppenhaus im Südflügel zu gelten, die unmittelbar an den Südwestpavillon angebaut ist.

Welche Argumente sprechen aber für die Annahme: der Westflügel und der Südflügel seien nicht in einer einzigen Baukampagne sondern in zwei aufeinanderfolgenden Kampagnen errichtet worden?

Es ist darauf hinzuweisen, daß sich die beiden Pavillons des Westflügels (Abb. 14) in den architektonischen Details der Profile und Gebälke usw. vollkommen gleichen, während der Südostpavillon darin abweicht und seinerseits mit dem Nordostpavillon übereingestimmt ist. So sind beispielsweise die Lisenen der beiden westlichen Pavillons mit dem Kranzgesims verkröpft, während diese an den beiden östlichen Pavillons ins Kranzgesims hineinlaufen, und bei jenen Pavillons sind die Konsölchen des Kranzgesimses so angeordnet, daß jeweils eine Konsole genau auf der Ecke sitzt, während bei den Ostpavillons gerade an der Ecke keine Konsolen sitzen. — Nun „beweisen" derartige Abweichungen an sich noch nichts, sie lassen aber doch schon auf eine zweite Bauphase schließen.

Wichtiger ist dieses: Unter den Lukarnen der Hoffront des Südflügels ist diejenige, die dem Westflügel zunächst steht, ein Einzelstück, sie weicht in ihrem Aufbau von allen anderen Lukarnen jener Front ab, sie hat aber eine Zwillingsschwester genau gegenüber an der Hoffront des Nordflügels: die Lukarne, die dort zunächst dem Westflügel steht, gleicht jener des Südflügels in ihrem Aufbau vollkommen, und sie ist unter den Lukarnen ihrer Front ebenfalls ein Einzelstück (Abb. 34)[24].

---

[24] GEBELIN, Les châteaux de la Renaissance, hat darauf schon hingewiesen; er folgert, daß die Flügel im wesentlichen ohne Unterbrechung in einer Baukampagne errichtet worden seien. (S. 93, Anm. 28.)

Diese beiden Lukarnen geben einen Hinweis darauf, daß der Westflügel von vorneherein mit je einem Teil des Süd- und des Nordflügels (Abb. 7, 8) errichtet worden sein muß. Diese Teile hatten die Breite eines Wandabschnitts, d. h. sie reichten jeweils bis zur ersten Lisene. Ein Indiz dafür ist unter anderem, daß die Hängeplatte des Kranzgesimses über jenen beiden Lisenen ein anderes Profil bekommen hat. Hinter den Lisenen sind im Nordflügel und im Südflügel Querwände eingezogen, die durch alle Geschosse reichen. Im Südflügel schließt diese Querwand genau mit dem rechteckigen Treppenhaus ab, und sie bezieht den runden Treppenturm mit in diesen Zusammenhang ein.

Die Lukarnen selbst gleichen in der eigentlichen Fensterrahmung — „kassettierte“ korinthische Pilaster mit verkröpftem Gebälk — vollkommen den Lukarnen der Hoffront des Westflügels (Abb. 33), sie unterscheiden sich jedoch in den Giebeln. Im Giebel jener beiden Lukarnen des Süd- und des Nordflügels sind das Montmorency-Wappen und der Konnetabel-Degen angebracht, während diese Zeichen an den Lukarnen der Hoffront des Westflügels fehlen. Die Gleichartigkeit der Fensterrahmung läßt aber die Vermutung zu, daß alle diese Lukarnen etwa zur selben Zeit entstanden sein müssen: die einen kurz vor der Ernennung Annes de Montmorency zum Konnetabel, die anderen kurz danach. Für die Fertigstellung des Westflügels und der bezeichneten Teile des Süd- und des Nordflügels ergibt sich demnach ein Zeitpunkt „um 1538“. Da sich der Zeitpunkt der Fertigstellung des Südflügels einschließlich des Südostpavillons (Kapelle) auf die Jahre 1538—1541 einschränken läßt, so muß angenommen werden, daß diese Teile in einer zweiten Baukampagne unmittelbar im Anschluß an die Vollendung des Westflügels errichtet worden sind.

2. *Der Eingangsflügel* (Abb. 2)

Der Eingangsflügel wurde im Jahre 1787 abgebrochen sein ursprünglicher Bestand ist durch die Zeichnungen und Stiche Ducerceaus überliefert. Demnach war der Flügel zweigeschossig und mit einer flachen Tonne gedeckt. Das Erdgeschoß öffnete sich auf den Hof hin (Arkaden?), nach außen war es geschlossen und durch Lisenen gegliedert. Das Hauptgeschoß, eine Galerie, hatte Fenster. Außen war dem Flügel in der Mitte der dreigeschossige Eingangsportikus vorgelegt. Dieser Portikus war aller Wahrscheinlichkeit nach eine spätere Hinzufügung an den bereits bestehenden Flügel.

Gebelin[25] ist der Ansicht, daß der Eingangsflügel der zuletzt erbaute Flügel des Schlosses gewesen sein müsse, er datiert ihn, ohne eine Jahreszahl zu nennen, in die Jahre um 1547; für den Portikus selbst schlägt er einen Zeitpunkt um 1559 vor.

[25] Gebelin, Les châteaux de la Renaissance, S. 90.

Du Colombier[26] dagegen meint, daß Eingangsflügel und -portikus gleichzeitig — gegen 1544 oder 1545 — erbaut worden seien.

Zur zeitlichen Einordnung dieses Flügels sind für beide Autoren wichtig die auf das Jahr 1542 datierten Glasfenster mit der Geschichte der Psyche. (Diese Fenster werden heute im Condé-Museum, Chantilly, aufbewahrt.) Gebelin und Du Colombier nehmen an, daß diese Fenster ihren Ort in der Galerie des Eingangsflügels gehabt hätten, und sie folgern — da aus stilistischen Gründen ein Baudatum vor 1542 für den Flügel nicht denkbar ist — daß die Galerie nachträglich für die bereits bestehenden Fenster eingerichtet worden sei.

Es besteht aber keinerlei Grund, die Psyche-Fenster zur Datierung des Eingangsflügels heranzuziehen. In den Sitzungsberichten der „Academie Royale d'Architecture" steht — nach einem Besuch der Akademiemitglieder am 4. August 1678 — eine recht genaue Beschreibung des Schlosses von Écouen[27]. Daraus geht hervor, daß die Fenster mit der Geschichte der Psyche in der Galerie des Westflügels ihren Ort hatten, in der Galerie des Eingangsflügels dagegen solche mit Grotesken-Darstellungen.

Gebelin hat dann versucht, den Eingangsflügel auf Grund stilistischer Merkmale zu datieren. Er weist darauf hin, daß die Fenster der Außenfront des Eingangsflügels — nach den Stichen Ducerceaus zu urteilen — fast den selben Zuschnitt haben wie die Lukarne an der Nordseite des Nordostpavillons. Diese besteht aus einer architravierten Fensterrahmung (ohne Pilaster), darüber ein Gesims auf Konsolen, auf dem als Giebel ein Sockel in Form eines Trapezes (mit konkaven Seiten) mit einer Früchtevase und verschiedenen Figürchen ruht. Die von Ducerceau überlieferten Fenster des Eingangsflügels sind etwas einfacher. — Es scheint aber kaum möglich zu sein, aus dem Vergleich dieser Fenster unter Berufung auf ihren relativ klassischen Zuschnitt sichere Argumente für die Datierung des Eingangsflügels zu gewinnen. Die Lukarnen an der Ostseite des Nordostpavillons haben einen ganz anderen Aufbau, und sie gleichen jenen des Südostpavillons (Abb. 38), die keineswegs ein ähnlich klassisches Gepräge haben.

Trotz dieser Einwände: Gebelins Datierung des Eingangsflügels — um 1547 — scheint das Richtige zu treffen. (Nicht richtig ist dagegen seine Annahme, der Eingangsflügel sei der zuletzt erbaute Flügel des Schlosses.)

Dazu die folgende Überlegung: Es ist aus bautechnischen Gründen als sicher anzunehmen, daß der Eingangsflügel entweder zusammen mit dem Nordostpavillon oder nach Fertigstellung desselben errichtet worden ist — wahrscheinlicher ist letzteres: Im Kellergeschoß sind der Nordostpavillon und der Eingangsflügel nicht direkt miteinander verbunden, sondern beide kommunizieren über einen kurzen Gang, der außerhalb der Baulinie die Ecke zwischen dem Ost- und

---

[26] P. du Colombier, Jean Goujon. Paris 1949, S. 50.

[27] Procès Verbaux de l'Academie Royale d'Architecture 1671—1793. Publ. par Henry Lemonnier, Paris 1911 ff. Vgl. Tome I, Paris 1911, S. 195—198.

dem Nordflügel schneidet (Abb. 10). Die Südwand des Pavillons scheint also im Kellergeschoß ursprünglich massiv aufgemauert worden zu sein, weil zu diesem Zeitpunkt die Notwendigkeit einer Verbindung mit dem Eingangsflügel noch nicht bestanden hat; als dieser später gebaut wurde, konnte er mit dem Pavillon nur noch mittels jener Hilfskonstruktion über den Umweg durch den Keller des Nordflügels verbunden werden.

Aber wann wurde der Nordostpavillon gebaut? — Es brauchen hier die Unterschiede und die gemeinsamen Züge zwischen dem Nordostpavillon und dem Kapellenpavillon, der ja zwischen 1538 und 1541 vollendet worden ist, nicht einzeln genannt zu werden — es läßt sich daraus kein genaueres Baudatum ableiten. Sicher ist nur, daß der Nordostpavillon der zuletzt erbaute Pavillon gewesen sein muß, und daß er schon vor dem Bau des Nordflügels bestanden hat. Als ungefähres Baudatum wird hier die Mitte der vierziger Jahre angenommen[28]. (Man könnte sich allerdings die Frage stellen, ob nicht das Kellergeschoß schon einige Jahre früher gebaut worden sei.)

Da sich zeigen läßt, daß der Nordflügel zwischen 1551 und 1556 erbaut worden sein muß, und da es nicht denkbar ist, daß der Eingangsflügel noch nach dieser Zeit entstanden sei, so ist anzunehmen, daß der Eingangsflügel zeitlich zwischen dem Bau des Nordostpavillons und des Nordflügels, also in der zweiten Hälfte der vierziger Jahre errichtet worden sein wird.

Diese Angabe kann noch präzisiert werden. In der schon erwähnten Beschreibung des Schlosses vom 4. August 1678 (Procès-Verbaux de l'Academie Royale d'Architecture) heißt es unter anderem: die Kapelle sei gepflastert mit „carreaux de terre cuite et émaillez de couleurs, qui forment des grandes histoires“[29], die Galerie des Eingangsflügels sei gepflastert mit „carreaux de mesme façon, représentants divers chiffres, armes et devises de la maison de Montmorency“, und die Galerie des Westflügels sei gepflastert mit „carreaux de mesme matiere, mais differemens émaillez“.

Einige Fliesen mit der Aufschrift „A Rouen 1542“ sind erhalten geblieben[30]; es ist vernünftig anzunehmen, daß diese zum Fliesenbelag der Galerie des Westflügels gehört haben, da sich ja dort auch die auf das Jahr 1542 datierten Psyche-Fenster befanden. Andrerseits ist eine größere Anzahl von Fliesen erhalten, die mit jenen, die in die Galerie des Eingangsflügels gehörten, identisch sein könnten. Von Lejeune sind 1851 die innerhalb und außerhalb des Schlosses noch

---

[28] Die Dachreiter des Nordostpavillons sind als einzige mit der Herzogskrone versehen. Anne de Montmorency wurde im Jahre 1551 zum Herzog erhoben; daraus zu schließen, daß der Pavillon erst nach 1551 errichtet worden sei, wäre in diesem Falle aber abwegig.

[29] Alexandre LENOIR, Musée des monuments français. Tome III, 1802, S. 123, Tafel 118 u. 119 bildet zwei Fayence-Tafeln aus der Kapelle von Écouen ab. Die Tafeln sind datiert auf das Jahr 1542, dargestellt ist die Geschichte des Mucius Scaevola und des Marcus Curtius. Die beiden Tafeln werden heute im Musée Condé aufbewahrt.

[30] Vgl. André POTTIER, Histoire de la Faïence de Rouen. Rouen 1870, S. 52—53, Tafel I.

auffindbaren Fliesen im Festsaal des Nordflügels zusammengetragen worden[31], und die meisten davon sind mit heraldischen Motiven Annes de Montmorency, Heinrichs II., der Diana von Poitiers und der Katharina von Medici bemalt; diese Fliesen müssen also nach 1547 entstanden sein.

Nun erhielt der Konnetabel in den Jahren 1548 und 1553 von Masseot Abasquesne (Rouen) je eine größere Lieferung von Fayence-Fliesen, — die Rechnungen bzw. Quittungen sind erhalten[32]. Die zweite Lieferung fällt in die wahrscheinliche Bauzeit des Nordflügels, die erste in die wahrscheinliche Bauzeit des Eingangsflügels. Da die übrigen Bauteile des Schlosses zu dieser Zeit schon ausgestattet gewesen sind, so ist es sinnvoll, die Fliesenlieferungen im Zusammenhang mit der Errichtung des Eingangsflügels und des Nordflügels zu sehen. Es kann daraus gefolgert werden, daß der Eingangsflügel in den Jahren 1547/48 gebaut worden ist.

3. Der Nordflügel (Abb. 5, 7)

Der Nordflügel ist an der Hofseite wie der Westflügel und der Südflügel durch Lisenen gegliedert, an der Außenseite jedoch durch Pilaster der toskanischen und der dorischen Ordnung. Der Hoffront ist ein großer zweigeschossiger Portikus der dorischen und korinthischen Ordnung vorgelegt, der Außenfront die große giebelbekrönte Loggia. Am Portikus und an der Außenfront des Nordflügels sind die Monogramme und Embleme Heinrichs II., der Diana von Poitiers und der Katharina von Medici angebracht — diese Bauteile müssen also während der Regierungszeit Heinrichs II. (1547—1559) erbaut worden sein.

Léon Palustre[33] datiert den Nordflügel in die Jahre von 1550 bis 1553, was unausgesprochen einschließt, daß alle Teile dieses Flügels im selben Bauvorgang ausgeführt worden wären. — Von den jüngeren Autoren, die die Baugeschichte des Schlosses nach stilgeschichtlichen Kriterien zu rekonstruieren versucht haben, ist diese Annahme Palustres aufgegeben worden.

Nach Gebelin[34] wäre der Nordflügel schon vor 1547 errichtet worden, doch hätte man später, während der Regierungszeit Heinrichs II., die Außenfront dieses Flügels vollständig erneuert (refait) und etwa gleichzeitig den Hofporti-

---

[31] André Pottier, Histoire de la Faïence de Rouen, S. 52 zitiert einen Brief Sauvageots mit entsprechender Mitteilung.

[32] E. Gosselin, Glanes historiques normandes. Rouen 1869, S. 41—43. Nach den Berechnungen Gosselins hätte sich die erste Lieferung auf etwa 14 000 Fliesen, die zweite auf etwa 6000 Fliesen belaufen. — (Das Dokument von 1553 ist eine Quittung über eine Anleihe, die Abasquesne aufgenommen hat, um die Fliesen erst einmal herstellen zu können.)

[33] Léon Palustre, La Renaissance en France. Band II, Paris 1881, S. 53, Anm. 2.

[34] Gebelin, Les châteaux de la Renaissance, S. 91, 92, Anm. 41, 42, 43. Vgl. auch Anthony Blunt, Art und Architecture in France 1500 to 1700. London 1953, S. 91—94 und Louis Hautecœur, Histoire de l'Architecture classique en France. Tome I, vol. 2 („La Renaissance des humanistes"), Paris 1965, S. 306—310.

kus angefügt, und später (bereits nach 1559) hätte man die Loggia der Nordfront erbaut.

Dieser Rekonstruktionsversuch Gebelins, der vom Stilistischen her gesehen zunächst einleuchtet, enthält einige Schwierigkeiten. Die Erneuerung der Nordfront hätte ja bedeutet, daß die ursprüngliche Front und dazu noch das Dach und sämtliche Säle des Nordflügels (die Balkendecken sind in der Mauer verankert) hätten abgerissen werden müssen. Dies aber ist an einem Schloßbau, an dem man sonst bei späteren Anbauten die sorgfältigste Schonung älteren Baubestandes feststellen muß, ein recht unwahrscheinlicher Vorgang.

Nach Gebelin wäre der Hofportikus erbaut worden, um zu verschleiern, daß die große Treppe nicht genau in der Mitte des Nordflügels liegt. Nun ist aber sicher, daß die Treppe zusammen mit der Loggia gebaut worden sein muß, da die Treppenabsätze an der Nordseite in eben dieser Loggia untergebracht sind[35]. Folglich könnte der Hofportikus erst nach der Loggia errichtet worden sein, — doch würde diese Annahme innerhalb der Argumentation Gebelins wiederum zu Schwierigkeiten führen wegen der stilistischen Verwandtschaft (und damit mutmaßlichen Zeitgleichheit) des Portikus mit der pilastergegliederten Nordfront, von der ja Gebelin annimmt, sie sei vor der Loggia erbaut worden.

Kurz gesagt, jeder Versuch, die einzelnen Teile des Nordflügels nur nach stilistischen Kriterien chronologisch einzuordnen, führt zu Widersprüchen, die innerhalb der stilkritischen Argumentation nicht aufzulösen sind.

In dieser Arbeit wird auf den Kern der These Léon Palustres zurückgegangen und behauptet, daß der Nordflügel mit seinem Portikus und der Loggia im wesentlichen in einem Bauvorgang errichtet worden sei. Da Palustre seine Auffassung nicht differenziert und auch nicht näher erläutert hat, ist es notwendig, das Problem hier neu aufzuwerfen.

Es ist schon bei der Erörterung der Baugeschichte des Westflügels gezeigt worden, daß der Nordwestpavillon zusammen mit dem runden Treppenturm und einem kurzen Stück des Nordflügels errichtet worden ist. Das ist auch beim Nordostpavillon der Fall, d. h. auch dieser Pavillon ist mit einem kurzen Stück des Nordflügels erbaut worden. Damit ist nicht gesagt, daß der Nordostpavillon in einer Baukampagne zusammen mit dem Eingangsflügel entstanden sei, sondern es wird nur behauptet, daß nach Fertigstellung des West- und des Südflügels zu einem bestimmten Zeitpunkt an der Nordseite der Schloßanlage der Nordwestpavillon und der Nordostpavillon mit jeweils einem kurzen Stück des Nordflügels bestanden haben, ohne daß diese beiden Pavillons jedoch schon durch den ganzen Nordflügel verbunden gewesen sind.

Die Richtigkeit dieser Behauptung gilt es zunächst zu erweisen. — Es muß

[35] Nur im Grundriß von A. LION aus dem Jahre 1841 (Abb. 10) ist diese Treppe richtig eingezeichnet; alle anderen Grundrisse des Schloßbaus sind in diesem Detail falsch.

angenommen werden, daß der Nordwestpavillon zusammen mit einem Stück des Nordflügels von der Breite eines Wandabschnitts (also einschließlich der ersten Lisene) erbaut worden ist. Dafür sprechen diese Beobachtungen: Das erste Fenster des Hauptgeschosses sowie die darüber stehende Lukarne sind an der Hoffront des Nordflügels Einzelstücke (Abb. 34). Das Fenster gleicht in seinem Zuschnitt den Fenstern des West- und des Südflügels, d. h. das Profil der Fensterleibung läuft in die Fensterbank hinein. Bei allen übrigen Fenstern der Hoffront des Nordflügels knickt das Leibungsprofil an der Fensterbank um, und es ist dort entsprechend der lichten Breite des Fensters durchgeschnitten. — Ein Einzelstück ist auch die Lukarne; sie hat eine Zwillingsschwester genau gegenüber am Südflügel. Rechts neben der Lukarne über der ersten Lisene ändert sich die Profilierung der Hängeplatte des Kranzgesimses, es ist eine zusätzliche Nute eingeschnitten. — Im Wandabschnitt zwischen der ersten Lisene und der zweiten Fensterachse ändert sich die Mauertechnik: links ruhen die einzelnen Steine (wie überall am West- und Südflügel) in einem fingerdicken Mörtelbett, rechts stoßen die einzelnen Steine (wie sonst überall am Nordflügel) im Idealfall an der Außenhaut fast fugenlos aneinander. (Das Mörtelbett ist im Innern der Mauer, die Steine sind nach innen keilförmig leicht zugespitzt.)

Hinter der Lisene ist im Innern des Nordflügels eine Querwand eingezogen, die durch alle Geschosse reicht. Diese Querwand trifft auf die Außenfront des Nordflügels genau links neben den kleinen rechteckigen Fenstern neben dem Treppenturm (Abb. 10, 15). Zwischen diesen Fenstern und den ersten Pilastern ist eine deutlich sichtbare Baunaht: Lagerfugen treffen dort an manchen Stellen auf Stoßfugen.

Diese Beobachtungen zeigen hinlänglich deutlich, daß der Nordwestpavillon ursprünglich zusammen mit einem Teil des Nordflügels, der die Breite eines Wandabschnitts hatte und von einer Querwand abgeschlossen war, erbaut worden sein muß, und daß sich dort eine Nahtstelle zwischen zwei in verschiedenen Kampagnen errichteten Baukomplexen des Schlosses befindet. —

Daß es eine ebensolche Nahtstelle auch zwischen dem Nordostpavillon und dem Nordflügel gibt, das ist zwar weniger evident, doch spricht auch hier der Baubefund für die Annahme, daß der Nordostpavillon zusammen mit dem Teil des Nordflügels erbaut worden ist, der den runden Treppenturm und die Wendeltreppe in quadratischem Treppenhaus in sich einschließt. — Kein Zweifel besteht, daß der Treppenturm zusammen mit dem Pavillon errichtet worden ist.

Rechts neben dem Treppenturm befinden sich an der Außenfront des Nordflügels wiederum kleine Rechteckfenster, und zwischen diesen Fenstern und den ersten Pilastern der Front ist ebenfalls eine Baunaht sichtbar: die Lagerfugen einzelner Steine treffen dort auf Stoßfugen. Genau dahinter ist im Innern des Flügels eine durch alle Geschosse reichende Querwand eingezogen, die auch das Treppenhaus der Wendeltreppe abschließt. Diese Querwand trifft auf die Mauer der Hoffront etwa an der Stelle, wo sich dort die erste Lisene befindet.

Das Fenster des Hauptgeschosses und die Lukarne dieses ersten Wandabschnitts der Hoffront scheinen auf den ersten Blick den übrigen Fenstern und Lukarnen dieser Front zu gleichen — bei genauerem Hinsehen bemerkt man jedoch ein paar Unterschiede: Das Fenster gleicht den übrigen Fenstern der Hoffront im Leibungsprofil (welches an der Fensterbank umknickt), es unterscheidet sich von ihnen im Zuschnitt des Mittelpfostens des steinernen Fensterkreuzes. — Die Fensterkreuze bestehen in ihrer Grundgestalt alle aus schmalen Steinquadern, deren Kanten zu einer prismatischen Form schräg abgestochen sind. Jeweils am Fuße des Mittelpfostens ist jedoch die Quaderform stehengelassen worden; der Übergang vom Quader zum Prisma kann in mehreren Stufen ausgebildet sein. Am reichsten abgestuft ist dieser Übergang an den Fenstern der älteren Bauteile des Schlosses, keine Zwischenstufen haben die Fensterpfosten am Nordflügel — mit Ausnahme des Fensters des ersten Wandabschnitts. Der Übergang vom Quader zum Prisma am Pfostenfuß ist dort durch ein Paar prismatischer Kanten vermittelt. In diesem Detail unterscheidet sich dies Fenster von den übrigen Fenstern der Hoffront, es gleicht aber vollkommen den Fenstern des zweiten und dritten Stockwerks des Nordostpavillons.

Die dorischen Lukarne des ersten Wandabschnitts (Abb. 40) gleicht in ihrem Aufbau den übrigen vier dorischen Lukarnen der Hoffront (Abb. 39) — dennoch ist diese Lukarne ein Einzelstück. Während jene Lukarnen in sämtlichen Details der Pilaster, Gebälke und Profile sowie auch in der plastischen Behandlung der Stierschädel, Trophäen und Masken vollkommen gleich, also das Werk einer Serie sind, so weicht die erste Lukarne in den architektonischen Details und in der plastischen Arbeit merklich von dieser Norm ab.

Wenn sich auch, für sich gesehen, von diesen Abweichungen her nichts über das Früher oder Später aussagen ließe, so kann doch in diesem Falle begründet vermutet werden, daß diese Lukarne als Vorbild für die „Serie" gedient und bereits vor dieser bestanden haben wird. (Die Übereinstimmung des Fensterpfostens der Lukarne mit dem des zugehörigen Fensters darunter spricht dafür.).

Über der ersten Lisene ändert sich das Profil der Hängeplatte des Kranzgesimses — auch dies ein Indiz für eine Nahtstelle im Bau. Im Mauerwerk dieses Wandabschnitts ist allerdings keine Baunaht zu sehen. Eine sichtbare Baunaht ist freilich auch nicht zu erwarten, wenn die Steine schon im Hinblick auf einen Anbau versetzt werden, und wenn in der selben Mauertechnik weitergebaut wird. Das ist in der Tat der Fall: schon am Nordostpavillon sind die Steine an der Außenhaut ohne „sichtbare" Mörtelfugen zusammengefügt.

Insgesamt gesehen lassen sich die hier mitgeteilten Beobachtungen kaum anders deuten, als daß zu einem bestimmten Zeitpunkt der Nordostpavillon zusammen mit einem Teil des Nordflügels bestanden hat, daß dieser Teil die Breite eines Wandabschnittes hatte, Turm und Wendeltreppe also in sich einbezog, und daß von dieser Stelle aus der Nordflügel erst in einer späteren Baukampagne geschlossen wurde.

Mit der Feststellung, daß zu einem bestimmten Zeitpunkt die beiden Nordpavillons mit je einem Teil des Nordflügels bestanden haben, und daß die „Lücke" zwischen beiden erst später geschlossen worden ist — mit dieser Feststellung ist Gebelins (und anderer Autoren) Rekonstruktion der Baugeschichte des Nordflügels noch nicht widerlegt. Diese Rekonstruktion könnte ja für den Mittelteil des Nordflügels zutreffen; er wäre dann zu einem Zeitpunkt vor 1547 erbaut worden, später hätte man dessen Nordfront erneuert und den Hofportikus und die Loggia hinzugefügt. Der mittlere Teil der Hoffront zwischen den beiden ersten Wandabschnitten wäre demnach der noch bestehende Teil jenes ursprünglichen Nordflügels, der Portikus selbst eine spätere Hinzufügung.

Am Bauwerk lassen sich jedoch keine eindeutigen Spuren eines solchen Bauvorgangs feststellen; im Gegenteil, der Baubefund legt es nahe anzunehmen, daß die Hoffront und der Portikus gemeinsam und gleichzeitig errichtet worden sind.

Während der Portikus des Südflügels der Hoffront „vorgelegt" ist, die Wand dort also aus zwei Mauerschichten verschiedenen Alters besteht (was innen und außen sichtbar ist), so ist der Hofportikus des Nordflügels mit der Wand in einem vollkommen homogenen Mauerverband verbunden. Nun könnte das bedeuten, daß ein Teil einer ursprünglich vorhandenen Front ganz herausgebrochen, der Portikus in die Lücke hineingestellt worden sei. Hätte dann aber nicht eine sichtbare Naht zwischen dem Portikus und den verbliebenen Wandstücken entstehen müssen? — Das ist nicht der Fall: die einzelnen Steinlagen, aus denen der Portikus aufgebaut ist, laufen in gleicher Höhe ununterbrochen bis zu den jeweils ersten Fenstern links und rechts des Portikus durch. Das könnte damit begründet werden, daß der Portikus eben besonders sorgfältig in die bestehenden Wandteile eingepaßt worden sei. — Doch warum sollten die Steinlagen an so weit auseinanderliegenden Wandstücken so vollkommen übereingestimmt sein? Sonst sind die Steine in der Art versetzt, daß nur die Steinlagen des Gurt- und Kranzgesimses in gleicher Höhe durchlaufen, daß aber links und rechts der Fensteröffnungen die Lagen verschiedene Höhe haben und jeweils nur bis zum nächsten Fenster durchgeführt sind.

Und es ist noch darauf hinzuweisen, daß sich die Wände zu beiden Seiten des Portikus in gewissen Details des Kranzgesimses unterscheiden. (Das Kranzgesims des Bauwerks ist nach dem Schema des klassischen Gebälks aufgebaut: ein schmales architraviertes Profilband, darüber ein Mauerband als Fries und darüber das eigentliche Kranzgesims.) Es unterscheiden sich nun die Architravbänder in ihrer Profilierung und die Friese im Mauerwerk; links ist der Fries aus drei Steinlagen, rechts aus deren zwei zusammengesetzt.

Die linke Seite der Hoffront gleicht in diesen Motiven den West- und den Südflügel, die rechte Seite gleicht dem Nordostpavillon, sie waren also, da je ein Wandabschnitt des Nordflügels mit jenen Teilen zusammen errichtet wurde, der Hoffront vorgegeben. — Stellt man sich vor, daß die Hoffront schon vor der

Errichtung des Portikus gebaut worden sei, dann hätte der Architekt die unterschiedlichen Motive des Kranzgesimses, die sich ja auch in der absoluten Höhe unterscheiden, in der Mitte der Front zusammenstoßen lassen. Das ist wenig wahrscheinlich; und es scheint auch dafür zu sprechen, daß Front und Portikus in einem Bauvorgang errichtet worden sind, daß man — gerade um keinen Bruch entstehen zu lassen — in den an den beiden ersten Wandabschnitten vorgegebenen Bauformen bis jeweils zum Portikus weitergebaut hat, da die Gesimse dort ohnehin unterbrochen sind.

Bemerkung

Es möchte hier eingeworfen werden: Die dorischen Lukarnen an der Hoffront sind von Terrasse und von Gebelin[36] Jean Goujon zugeschrieben und dementsprechend in die Jahre von 1545—1547 datiert worden. Spätestens zu dieser Zeit hätte also die Hoffront fertiggestellt sein müssen, während der Hofportikus erst nach 1547 entstanden sein kann. Folglich wären Portikus und Hoffront doch nicht gleichzeitig gebaut worden.

Dennoch besteht diese Schwierigkeit nur scheinbar. Es ist ja schon gesagt worden, daß die Lukarne des ersten Wandabschnitts trotz gleichen Aufbaus ein Einzelstück unter den dorischen Lukarnen der Hoffront ist (Abb. 40). Jene restlichen vier Lukarnen (Abb. 39) gleichen sich im Zuschnitt der Details vollkommen, die Lukarne des ersten Wandabschnitts weicht davon ab in charakteristischen Einzelheiten, die zum Teil — der Zuschnitt des Fensterkreuzes! — die Annahme nahelegen, daß diese Lukarne früher als die übrigen vier gemacht worden ist; sie gehört ja auch zu jenem Teil des Nordflügels, der zusammen mit dem Nordostpavillon gebaut wurde. Es ist also durchaus möglich, ja sogar wahrscheinlich, daß jene Lukarne bereits vor 1547 aufgestellt wurde, und daß die übrigen vier dorischen Lukarnen erst ein paar Jahre später nach deren Vorbild hergestellt worden sind.

Von den Lukarnen her läßt sich also kein Argument gegen die Auffassung gewinnen, Portikus und Hoffront seien gleichzeitig entstanden.

Indem festgestellt ist, daß die Hoffront des Nordflügels und der Hofportikus gleichzeitig errichtet worden sein müssen, entfällt auch die Notwendigkeit anzunehmen, daß die pilastergegliederte Außenfront des Nordflügels eine ältere Front ersetzt habe.

Diese Annahme wird begründet mit dem Hinweis auf den stilistischen Unterschied zwischen der Hoffront und der Außenfront. Da aber der Portikus und die Außenfront in den gleichen Architekturformen erbaut, stilistisch also gleichartig sind, so kann jener Unterschied nicht mehr mit der Annahme verschiedener Bauphasen, also chronologisch erklärt werden; dies um so weniger, als ein solcher Vorgang am Bauwerk keine eindeutigen Spuren hinterlassen hat. In der Baugeschichte selbst liegt aber eine Erklärung des stilistischen Gegensatzes von Hoffront und Außenfront begründet. Im Hof bestanden ja an den beiden Pavillons je ein Teil der Front von der Breite eines Wandabschnitts; wollte man diese Wände nicht abbrechen (oder einen ganz gewaltsamen Anbau versuchen), so mußte der Baumeister an die vorgegebenen Teile anschließen: er war stilistisch festgelegt. An der Außenfront waren diese Abschnitte des Nord-

[36] Gebelin, Les châteaux de la Renaissance, S. 90. Ch. Terrasse, Le château d'Écouen. Paris 1925.

flügels gleichsam von den Türmen verstellt, und es bestanden nur noch je ein sehr schmales Wandstück stilistisch ganz undifferenzierten Mauerwerks: hier war der Baumeister stilistisch nicht gebunden.

Bemerkung

Es muß allerdings noch einmal an die Baunähte erinnert werden, die sich an der Außenfront des Nordflügels jeweils im ersten Wandabschnitt zwischen den kleinen Rechteckfenstern und den Pilastern abzeichnen (Abb. 15, 17). Da derartige Baunähte an der Hoffront nicht vorkommen, könnte ihr Erscheinen an der Außenfront doch als Argument für die Annahme gewertet werden, die bestehende Nordfront ersetze eine ältere Front, welche demoliert worden sei. — Es ist dies aber nicht zwingend, da sich ja an jenen Nähten, wie gezeigt worden ist, ohnehin zwei verschiedene Baukampagnen abzeichnen. Dem Baumeister war auf jeden Fall — ob nun die Nordfront schon einmal errichtet gewesen sein mag oder nicht — ein schmales Wandstück vorgegeben, an das er anbauen mußte.

Aus jenen Baunähten läßt sich daher weder ein Argument für noch gegen die Annahme gewinnen, daß die Nordfront erneuert worden sei.

Die Erklärung für die Nähte wird darin zu finden sein, daß die Pilastergliederung eine andere Mauertechnik notwendig machte. Proportionierte Glieder (Pilaster, Gebälke) verlangen bestimmte Blockgrößen, so daß nicht immer an die vorgegebenen Steinlagen angeschlossen werden konnte.

Es ist schon gesagt worden, daß die Loggia unzweifelhaft zusammen mit der großen Treppe des Nordflügels gebaut worden ist — die Treppenabsätze sind in jener Loggia untergebracht. Es ist aber auch der Hofportikus so weit mit der Treppe übereingestimmt, daß beide ebenfalls zusammen geplant und gebaut worden sein müssen.

Der Nordflügel wird genau in der Mitte von einer Querwand geteilt, die an einer Seite das Treppenhaus, welches in der Osthälfte des Nordflügels untergebracht ist, abschließt. Ebenfalls genau in der Mitte des Nordflügels sind der Portikus und die Loggia — beide gleich breit — errichtet; das Treppenhaus hat genau die halbe Breite dieser beiden Bauwerke, d. h. die Querwand, die das Treppenhaus nach Osten hin abschließt, ist auf die Flanken der Loggia und des Portikus bezogen. Genau bis zu jener Querwand ist die Osthälfte des Nordflügels unterkellert. — Im Mauerwerk gehen Portikus und Treppenhaus „nahtlos“ ineinander über.

All diese Übereinstimmungen lassen kaum einen anderen Schluß zu, als daß jene Teile in einem Bauvorgang und im wesentlichen gleichzeitig erbaut worden sind.

Damit ist aber auch gesagt, daß es nicht richtig sein kann anzunehmen, die Loggia sei nachträglich an die bereits bestehende Außenfront angefügt worden. Wenn die Außenfront und der Portikus einerseits und die Loggia und der Portikus andrerseits gleichzeitig sind, dann müssen auch die Loggia und die Außenfront gleichzeitig erbaut worden sein.

Die Annahme, die Loggia sei später entstanden als die Nordfront, wird damit begründet, daß diese beiden Bauteile keine gemeinsamen „architektonische Linien“ haben, daß sie hart aufeinanderstoßen. Im Mauerwerk jedoch sind die Loggia und die Front ungemein sorgfältig zusammengefügt, nicht einfach aneinandergesetzt, wobei — ein Detail — in die Pilasterschäfte der dorischen Ordnung an den Flanken der Loggia Teile vom Kranzgesims der toskanischen Ordnung der Front eingearbeitet sind: als setze sich die Front hinter der Loggia fort. Auch das spricht gegen einen späteren Anbau und legt nahe, die scharfe Unterscheidung von Front und Loggia als ein stilistisches Phänomen zu deuten (Abb. 16).

Bemerkung

Durch das Obergeschoß der Loggia läuft im Innern das dorische Kranzgebälk der Außenfront des Nordflügels, und es erscheinen dort einige „fragmentierte" dorische Pilaster (Abb. 18). Diese Bauformen könnten für ursprüngliche Bestandteile der Nordfront gehalten und als Argument für die Annahme angezogen werden, die Loggia sei doch erst später der Nordfront vorgelegt worden. — Eine Prüfung des Baubestandes lehrt aber:

— daß es ganz unmöglich ist, aus den „erhaltenen Bestandteilen" die Außenfront in sinnvoller Gestalt zu ergänzen,

— daß die heute in der Loggia bestehende Wand des Nordflügels samt der dorischen Ordnung zusammen mit der Loggia selbst aufgebaut worden sein muß (gemeinsame, durchlaufende Steinlagen, die sich bis ins Treppenhaus fortsetzen; Konstruktion des dorischen Gebälks über den Öffnungen der Treppenläufe als scheitrechter Bogen),

— daß also (wenn wirklich die Loggia einer bereits vorhandenen Front vorgelegt sein soll) diese Front abgebrochen und beim Bau der Loggia durch die heute bestehende Wand ersetzt worden wäre. —

Auch hier muß man darauf verzichten, eine stilistische Merkwürdigkeit mit der Überlagerung verschiedener Bauphasen zu erklären. — Der Baugedanke war partielle Durchdringung von Front und Loggia.

Es mag somit als erwiesen gelten, daß der Nordflügel und der Portikus und die Loggia in einem Bauvorgang, also im wesentlichen gleichzeitig erbaut worden sind. Gleichzeitig — das bedeutet freilich nicht, daß alle Teile zur gleichen Zeit aufgemauert worden sind; die Werke werden eines nach dem andern, alle aber in e i n e r Baukampagne entstanden sein[37].

Léon Palustre hat den Nordflügel ohne Angabe von Gründen in den Zeitraum von 1550—1553 datiert. Vielleicht läßt sich diese Angabe noch ein wenig präzisieren: Der Hofportikus ist eine Ehrenpforte für Heinrich II. und seine Damen; es ist anzunehmen, daß ein „politischer" Anlaß zu seiner Errichtung bestanden hat. Es gibt in der Tat zwei Ereignisse, die auf den Bau einer Ehrenpforte für Heinrich II. bezogen werden können.

Das eine ist die Erhebung der Baronie der Montmorency zum Herzogtum im Juli 1551, das andere die beabsichtigte (vom Konnetabel betriebene) Vermählung des François de Montmorency mit der Diane de France, der natürlichen Tochter Heinrichs II. und der Filippe Duc (oder der Diana von Poitiers?). Diese Ver-

[37] Zu der entgegengesetzten Auffassung kommt François-Charles JAMES (vgl. Anm. 4): Zur Einrichtung eines großen Saales in dem ursprünglichen Nordflügel hätte Bullant zuerst die ursprüngliche Treppe aus der Mitte des Flügels hinaus verlegt, und die dadurch entstehende Asymmetrie der Hoffront hätte er durch den großen Portikus ausgeglichen. Sodann hätte Bullant die ursprüngliche Außenfront abgebrochen und dort die heute vorhandene Front errichtet, und wiederum kurz danach hätte er die eben erst gebaute Treppe demoliert und durch die jetzt bestehende ersetzt, wodurch dann der Bau der Loggia notwendig geworden sei. — JAMES nimmt also eine dreimalige Änderung des Bauplans an.

mählung sollte am 3. Oktober 1556 im Beisein Heinrichs II. am Ende eines großen Festes in Écouen bekanntgegeben werden. (Dazu kam es freilich nicht, da sich am Tage zuvor herausstellte, daß François de Montmorency bereits eine geheime Ehe mit der Jeanne de Piennes geschlossen hatte[38].)

Selbst wenn der Portikus nicht in Hinblick auf diese Vermählung erbaut worden sein sollte, so ist mit dem 3. Oktober 1556 doch ein Datum ante quem bezeichnet, denn zwischen 1556 und 1559 gab es für den Konnetabel kaum einen Grund, dem König eine Ehrenpforte zu errichten.

Ein Datum post quem ist mit dem Juli 1551 gegeben. Da der Bau des Nordflügels unmittelbar nach 1547, dem Jahr der Rückkehr Annes de Montmorency an den Hof, aus stilistischen Gründen auszuschließen ist (vgl. die inschriftlich auf 1548 datierten Holzarchitekturen der Kapelle), und da zwischen 1547 und 1551 kein besonderer Anlaß gegeben war, eine Ehrenpforte zu errichten, so ist anzunehmen, daß jene Architekturen erst nach der Erhebung der Baronie zum Herzogtum — eine Ehre, die den Konnetabel dem König gegenüber verpflichtet haben wird — entstanden sind.

Nun fällt in das Jahr 1553 eine Bestellung von Fußboden-Fliesen bei Masseot Abasquesne (vgl. S. 16 und Anm. 32), die eigentlich nur auf die Ausstattung des Nordflügels bezogen werden kann: das macht einen Baubeginn unmittelbar nach 1551 wahrscheinlicher als den Bau des Nordflügels in Hinblick auf jene Vermählung von 1556.

4. *Der Portikus der Kapelle* (Abb. 29)

Pierre du Colombier[39] schreibt den Eingangsportikus der Kapelle Jean Goujon zu, und er datiert ihn in die Jahre von 1545—1547. Du Colombier war es auch, der zuerst auf zwei Zeichnungen dieses Portikus im Skizzenbuch Perciers[40] aufmerksam gemacht hat (Fol. 12 u. 14). Dort sind in den beiden Tafeln zuseiten des Portikus die Reliefs des Montmorency-Wappens mit der Herzogkrone angegeben. Von diesen Reliefs ist heute nichts mehr erhalten; wahrscheinlich

---

[38] A. de Ruble, François de Montmorency. In: Mémoire de la Société d'Histoire de Paris et de France, VI, 1880, S. 207. — Diese Verbindung mußte erst mit Zustimmung des Papstes gelöst werden; die Vermählung des François de Montmorency mit der Diana de France fand dann erst 1559 in Villers-Cotterets statt.
Chevalier, Écouen. La paroisse, le château, la Maison d'éducation. Versailles 1865, S. 122 hat zuerst eine Beziehung zwischen dem Portikus und der beabsichtigten Vermählung des François de Montmorency mit der Diane de France gesehen.

[39] P. du Colombier, La chapelle d'Écouen. In: Gazette des Beaux-Art. Feb. 1936, S. 79—94.

[40] Das Skizzenbuch des Charles Percier, das zahlreiche sehr genaue Bauaufnahmen und Zeichnungen von Écouen enthält, wird heute in Compiègne im Musée Vivenel (Inventar-Nr. 6022) aufbewahrt. Du Colombier hat gezeigt, daß Percier wahrscheinlich im Jahre 1794 in Écouen gezeichnet hat; vgl. Gazette des Beaux-Arts, 1936, S. 80, Anm. 1.

sind sie entfernt worden, als das Schloß in eine Schule der Ehrenlegion umgebaut wurde. Daß diese Wappenreliefs aber tatsächlich bestanden haben, ist wegen der bei Percier üblichen Genauigkeit in Bauaufnahmen nicht zu bezweifeln.

Die Darstellung der Herzogskrone bedeutet aber, daß der Portikus erst nach der Mitte des Jahres 1551 entstanden sein kann. — Du Colombier, der das Werk Goujon zuschreibt und in die Jahre von 1545—1547 datiert, bemerkt in einer Fußnote[41], er sei überzeugt, daß die Herzogskrone erst nachträglich eingefügt worden ist. Für eine solche Vermutung gibt es aber keinerlei Anhaltspunkte. Im Schloß und besonders in der Kapelle erscheint die Baronskrone noch viele Male, ohne daß daran später etwas verändert worden wäre.

Der Eingangsportikus der Kapelle muß also nach der Mitte des Jahres 1551 datiert werden, und er kann dann nicht mehr Jean Goujon zugeschrieben werden. — Der Portikus könnte etwa zur gleichen Zeit wie die Werke des Nordflügels entstanden sein, also zwischen 1551 und 1556. Dafür spricht, daß jene Wappenfelder den selben Aufbau haben wie die Wappen an einem Schornstein des Nordflügels: die Genien, die den Wappenschild halten, stehen auf einer Tafel, an der die Initialen des Konnetabels bzw. diejenigen seiner Gemahlin, Madeleine de Savoie, angebracht sind. — Ich nehme an, der Portikus sei gegen 1553 gebaut worden.

5. Der Eingangsportikus (Abb. 2)

Der Eingangsportikus wurde 1787 zusammen mit dem Ostflügel abgebrochen. — In seiner „Histoire de Paris“ berichtet der Abbé Lebeuf[42], daß am Eingangsportikus als Inschrift der folgende Horaz-Vers (Oden II, 3) zu lesen war: „Aequam memento rebus in arduis/Servare mentem“.

Lebeuf hat diese Inschrift gedeutet als eine Anspielung auf die Zeit der Ungnade, in die Anne de Montmorency zwischen 1541 und 1547 am Hofe Franz I. gefallen war. (Den Horaz-Spruch auf ein aktuelles Ereignis zu beziehen ist deswegen sinnvoll, weil der Spruch nicht zu den offiziellen Wahlsprüchen der Montmorency gehört.)

Du Colombier[43] hat den Portikus, den er für ein Werk Jean Goujons hält, auf die Jahre 1544 oder 1545 datiert. — Diese Frühdatierung ist schon aus stilistischen Gründen unwahrscheinlich — vgl. die auf 1548! datierte Holztäfelung der Kapelle; zudem ist eine der Voraussetzungen für Du Colombiers Datierung, daß Eingangsflügel und -portikus gleichzeitig erbaut worden seien, wohl nicht aufrecht zu erhalten.

---

[41] Du Colombier, La chapelle d'Écouen. In: Gazette des Beaux-Arts, 1936, S. 84, Anm. 2.

[42] Abbé Jean Lebeuf, Histoire de la Ville et de tout le diocèse de Paris. Paris 1754—1758. In der Neuauflage von 1883—1893 Band II, S. 185.

[43] Du Colombier, Jean Goujon. Paris 1949, S. 50.

Bemerkung

Das Schloß von Écouen ist in dem 1579 erschienenen zweiten Band von Ducerceaus Werk „Les plus excellents bastimens de France" dargestellt. Neben einer kurzen Beschreibung des Schlosses bringt Ducerceau in Kupferstichen den Grundriß, eine Gesamtansicht aus der Kavaliersperspektive sowie je eine Frontalansicht der Portiken des Eingangsflügels, des Süd- und des Nordflügels. Wie ein Vergleich mit den noch bestehenden Bauwerken zeigt, sind diese Darstellungen recht genau. Um so mehr fällt auf — und darauf hat François Gebelin[44] hingewiesen —, daß auf dem Grundriß der Eingangsportikus, der Portikus des Südflügels sowie das kleine Triumphportal des Westflügels fehlen.

Es könnte vermutet werden, daß diese Bauwerke einfach vergessen worden seien. Dem widerspricht aber die ansonsten sorgfältige und genaue Ausführung des Grundrisses; sogar das kleine Triumphportal der Kapelle mit seinen gekuppelten Säulen ist eingezeichnet. Man kann daher annehmen, daß der Grundriß schon zu einem Zeitpunkt hergestellt worden ist, da jene drei Portiken noch nicht errichtet waren. Die Gesamtansicht des Schlosses, auf der der Eingangsportikus und der Portikus des Südflügels ja abgebildet sind, sowie deren Einzeldarstellungen wären dann von Ducerceau erst bei einem späteren Besuch in Écouen aufgenommen worden.

Wir wissen nun, daß der Nordflügel samt Loggia und Portikus spätestens 1556 (ja wahrscheinlich schon zwei oder drei Jahre früher) errichtet war, und so mag das Jahr 1556 hier als Fixpunkt dienen: diejenigen Architekturen, die in Ducerceaus Grundriß nicht eingezeichnet sind, müßten demnach n a c h diesem Zeitpunkt erbaut worden sein.

François Gebelin[45] bezieht die Horaz-Inschrift auf die Gefangenschaft, in die Anne de Montmorency am 10. August 1557 bei Saint-Quentin geriet, oder auf die Zeit, da Anne zum zweiten Male am Hofe in Ungnade gefallen war (nach dem Tode Heinrichs II., 1559), und er schlägt für den Portikus als Baudatum die Zeit um 1559 vor. Für diese Datierung Gebelins, die vielleicht auf ein Datum v o r 1559 (also auf 1558) eingeschränkt werden kann, spricht, daß der Portikus im Grundriß Ducerceaus nicht eingetragen ist und daher wahrscheinlich erst nach dem Nordflügel und nach dem Kapellen-Portikus entstanden sein kann.

Nun besteht gerade mit dem Kapellenportikus und mit dem Portikus des Nordflügels eine engere stilistisch-motivische Verwandtschaft (z. B. Verwendung von Flechtbandwülsten und Ranken-Palmetten-Friesen), die es geraten erscheinen läßt, den Eingangsportikus von diesen Bauwerken zeitlich nicht zu weit zu entfernen. Und wenn schon eine politische Deutung der Horaz-Inschrift versucht wird — könnte sie dann nicht auch auf jenes unglückliche, den Konnetabel niederschmetternde Scheitern der Heiratspolitik des Jahres 1556 (vgl. S. 23) bezogen werden? — Ich möchte mich für ein Baudatum „um 1556" entscheiden.

6. Der Portikus des Südflügels (Abb. 31, 32)

Es ist sicher, daß der große Portikus des Südflügels erst nachträglich der Hoffront dieses Flügels vorgelegt worden ist; Gebelin[46] datiert ihn in die Zeit

---

[44] François GEBELIN, Les châteaux de France. Paris 1962, S. 110.
[45] GEBELIN, Les châteaux de la Renaissance, S. 91—92 Anm. 47.
[46] GEBELIN, Les châteaux de la Renaissance, S. 93 Anm. 93.

nach dem Tode Heinrichs II. (also nach 1559), weil an dem Portikus die heraldischen Zeichen des Königs nicht vorkommen. — Das ist ein vielleicht richtiges, aber noch kein ausreichendes Argument, denn am Kapellen-Portikus und an der Loggia fehlen jene Zeichen ebenfalls, und nach 1556, nach der gescheiterten Vermählung des François de Montmorency mit der Diane de France, hatte der Konnetabel wenig Grund, dem König eine Ehrenpforte zu errichten.

Da der Portikus im Grundriß Ducerceaus fehlt, so ist damit zu rechnen, daß er nicht vor 1556 erbaut worden sein wird; da am Portikus das Würdezeichen des Konnetabels, der Degen, angebracht ist, so muß er vor 1563 entstanden sein. (Bei der Erbteilung des Jahres 1563 fiel das Schloß von Écouen an François de Montmorency; Bullant widmete seinen 1564 erschienenen Architekturtraktat dem François, und er beklagte sich, keine Arbeit zu haben.) — Mit einiger Sicherheit läßt sich also für den Portikus ein Baudatum nur innerhalb der Spanne von 1556 bis 1563 angeben.

Von einem ungelösten architekturgeschichtlichen Problem her kann noch auf die Baudaten reflektiert werden, von der Frage, ob die „Kolossalordnung" zuerst mit Bullants Portikus in Écouen oder mit der von Delorme projektierten Pilasterfront in der „Cour de la Fontaine" (Fontainebleau) in Frankreich eingeführt worden ist[47].

Delormes Projekt für Fontainebleau — die dorischen Pilaster gehen „depuis la fondation en amont jusque sous l'architrave dudit pan de mur" — ist in einem Vertrag zwischen Delorme und dem Bauunternehmer Pierre Girard vom 23. August 1558 bezeichnet[48], und dieser Vertrag ist im Beisein Jean Bullants geschlossen worden: „en la présence aussi de Me Jean Bullant, contrerolleur desd. bâtiments et édifices". Bullant kannte also das Projekt Delormes[49].

Andrerseits hatte Delorme bereits Ende 1557 oder Anfang 1558 Écouen besucht, um im Auftrage des Konnetabels, der sich seit der Schlacht bei Saint-Quentin (10. August 1557) in spanischer Kriegsgefangenschaft befand, den Stand der Bauarbeiten zu überprüfen[50].

Bestand damals der große Portikus des Südflügels schon, oder war er gerade im Bau? Das ist nicht zu entscheiden, die Baudaten können zwischen 1556 und 1563 angenommen werden. — Bemerkenswert ist aber, daß Delorme in seinem 1567 erschienenen Buch „Le premier tome de l'architecture" (Fol. 252 v.) den

---

[47] Die ersten (nicht zur Ausführung gelangten) Projekte auf französischem Boden für die Kolossalordnung stammen, gegen 1550, von Serlio; sie sind niedergelegt in den Manuskripten seines VI. und VII. Buches.
Vgl. Marco Rosci, Il trattato di Architettura di Sebastiano Serlio. Milano 1966, S. 45.

[48] Maurice Roy, L'œuvre de Philibert de Lorme à Fontainebleau (3 avril 1548—11 juillet 1559). In: Extrait des Mémoires de la Société nationale des Antiquaires de France, tome LXXIV, Paris 1915, S. 82.

[49] Vgl. Gebelin, Les châteaux de la Renaissance, S. 101 u. 105 Anm. 104.

[50] Delormes Brief an den Konnetabel ist abgedruckt in: G. Macon, Les architectes de Chantilly au XVIe siècle. Senlis 1900, S. 39.

Entwurf einer Schloßfassade abbildet, welcher wie eine — im Sinne der Architekturauffassung Delormes — „Verbesserung" des großen Portikus in Écouen anmutet[51]; der polemisch zugespitzte Begleittext unterstreicht das. — Delorme muß jenen Portikus wohl gekannt haben, er kann ihn aber bei einem möglichen zweiten Besuch oder durch Vermittlung kennengelernt haben.

Gebelin und nach einigem Zögern auch Blunt[52] sprechen die Priorität einer Architekturschöpfung mit Kolossalordnung Delorme zu. Es bestehen aber auch Argumente für eine gegenteilige Auffassung. Nur würde das bedeuten, daß der Portikus schon vor 1558 bestanden hat oder zumindest im Bau gewesen ist. Das aber ist ebensowenig sicher zu beweisen wie ein Baudatum nach 1559. — Ich halte dafür, daß der Portikus schon vor 1558 gebaut worden ist.

7. *Der Portikus des Westflügels* (Abb. 22)

Du Colombier[53] schreibt den kleinen Portikus des Westflügels Jean Goujon zu, und er datiert ihn auf das Jahr 1545. — Es läßt sich aber zeigen, daß dieser Portikus ein Werk des Jean Bullant sein muß.

Bullant stellt auf Seite 11 und 12 seines Architekturtraktats (1. Auflage, Paris 1564) eine dorische Ordnung dar, die er angeblich an einem antiken Triumphbogen aufgenommen hat. („Cest ordre est à un arc triumphal qui se voit à present à vingt sept milles de Rome.") Nun stimmt die dorische Ordnung des kleinen Portikus in Écouen bis in gewisse seltene Details genau mit der Darstellung jener antiken Ordnung in Bullants Traktat überein, so daß kein Zweifel bestehen kann, daß Bullant der Urheber des Portikus gewesen ist. Damit wird aber ein Baudatum um 1545 unwahrscheinlich, zumal der Portikus im Grundriß Ducerceaus nicht eingezeichnet ist.

Ich nehme eine verhältnismäßig späte Entstehungszeit an: gegen 1561. Vielleicht ist dieser Portikus das letzte Werk Bullants in Écouen gewesen; daß Bullant 1561 in Écouen noch gebaut hat, ist ja durch die 600 livres tournois belegt, die er im Mai dieses Jahres vom Konnetabel erhielt (vgl. S. 7).

8. *Die Gräben, die Terrasse, der „Jeu de paume"*

Es ist kaum möglich, für den 1793 abgebrochenen „Jeu de paume", für die ausgebauten Gräben, für die Terrassen usw. genauere Baudaten anzugeben. — Ich vermute, daß die große Nordterrasse und der „Jeu de paume" etwa zur

[51] Abb. in: A. Blunt, Philibert de L'Orme. Paris 1963, S. 75, Fig. 17.
[52] Gebelin, Les châteaux de la Renaissance, S. 94 Anm. 45.
Blunt, Philibert de L'Orme. Paris 1963, S. 74.
[53] Du Colombier, Jean Goujon. Paris 1949, S. 47.

gleichen Zeit wie der Nordflügel des Schlosses gebaut worden sind, also in der ersten Hälfte der fünfziger Jahre. Vielleicht sind die Gräben kurz vorher gebaut worden[54].

9. *Die Kapelle* (Abb. 19)

Die Kapelle ist zusammen mit dem Südflügel des Schlosses zwischen 1538 und 1541 im Rohbau fertiggestellt worden. Nach 1538 — weil in der Kapelle (unter der Tribüne) das Montmorency-Wappen mit dem Konntabel-Degen angebracht ist; vor 1541 — weil in den Malereien der Decke der Salamander, das Wappentier Franz I., dargestellt ist. (Anne de Montmorency fiel im Jahre 1541 am Hofe Franz I. in Ungnade, es ist wenig wahrscheinlich, daß er nach diesem Zeitpunkt dem König noch durch Darstellung der heraldischen Zeichen gehuldigt haben sollte.) — Die Glasmalereien der Kapellenfenster (heute im Musée Condé) sind durch Inschrift datiert auf das Jahr 1544.

Die Kapelle enthält und enthielt Einrichtungen, die zum architektonischen Bestand des Schlosses gehören. Es sind dies

a) der Altar (Musée Condé; Abb. 30),
b) die hölzerne Wandverkleidung (Musée Condé),
c) das Eingangsportal zur Sakristei (Musée Condé),
d) die hölzerne Kleinarchitektur der Loge des Konnetabels,
e) die hölzerne Tribüne über dem Haupteingang der Kapelle.

10. *Die Holzarchitekturen*[55]

Fest datiert durch Inschrift auf das Jahr 1548 sind die Holzverkleidungen der unteren Wandzone der Kapelle. Das gibt einen Fixpunkt für die zeitliche Einordnung der anderen Holzarchitekturen: die der Tribüne dürften etwas früher (1546—47), die der Loge des Konnetabels etwas später (1549—50) zu datieren sein. Ohne daß hier auf Einzelheiten eingegangen würde, sei darauf hingewiesen, daß im Unterschied zur Holztäfelung an der Tribüne die Initialen Heinrichs II. und der Diana von Poitiers nicht dargestellt sind, und daß dort der Zuschnitt der Säulen und Gebälke unkanonisch und im Detail (bei feiner Ausführung) verhältnismäßig roh erscheint. Demgegenüber ist die dorische Ordnung

---

[54] F.-Ch. James (vgl. Anm. 4) hat vier Briefe aus den Jahren 1562—1565 gefunden, aus denen er schließt, daß nach 1562 die Gräben neu gezogen und, 1565, das östliche Zugbrückenportal errichtet worden seien. — Nach meinem Verständnis ist in jenen Briefen nur von Reparaturen die Rede.

[55] Vgl. P. du Colombier, La chapelle d'Écouen. In: Gazette des Beaux Arts 1936, S. 75—94. Henri Malo, Les boiseries de la chapelle d'Écouen. In: Bulletin de la Société d'Histoire de l'art français, 1941—1944, S. 90—99.

an der Loge des Konnetabels nach den Regeln und Mustern zugeschnitten, wie sie in den Architekturbüchern Serlios oder in der Vitruv-Ausgabe Jean Martins (1547, mit den Holzschnitten Goujons) vorgeprägt sind. Da an dieser Kleinarchitektur die Baronskrone dargestellt ist, muß sie auf jeden Fall vor 1551 entstanden sein.

Das hölzerne Eingangsportal zur Sakristei kann dagegen erst nach 1551 gemacht worden sein, an ihm war (zwischen den mittleren Säulen über der Tür) das Montmorency-Wappen mit der Herzogskrone angebracht. Dieses Wappenfeld ist nicht erhalten, Percier hat es jedoch in seinem Skizzenbuch auf Fol. 16 und Fol. 13 abgebildet[56]. Ein genaueres Datum ante quem läßt sich für dieses Portal nicht angeben, wahrscheinlich ist es aber noch in der ersten Hälfte der fünfziger Jahre entstanden.

11. Der Altar (Abb. 30)

Der Altar aus der Kapelle des Schlosses von Écouen wurde in der älteren Kunstgeschichtsschreibung (Duval, Lenoir)[57] durchweg als ein Werk Bullant angesehen, jüngere Autoren wie Guilhermy, Vitry und Du Colombier[58] schreiben ihn jedoch Goujon zu. Geymüller[59] hat sich zögernd gefragt, ob nicht die untere Hälfte ein Werk Goujons und die obere Hälfte ein Werk Bullants sein könnte; nach Prüfung dieser Frage an Ort und Stelle hat er diese Vermutung aber verworfen und sich dafür entschieden, den Altar insgesamt Goujon zuzusprechen.

In dieser Arbeit wird auf die ursprüngliche Vermutung Geymüllers zurückgegangen und behauptet, daß die Altarmensa einerseits und die Retabelarchitektur und deren Unterbau andrerseits von verschiedenen Künstlern und zu verschiedenen Zeiten geschaffen worden sind. (Die Mensa könnte vielleicht Goujon, das Retabel Bullant zugeschrieben werden.)

Die Altarmensa und das Retabel unterscheiden sich in den Architekturformen und in den Ornamenten stark voneinander. — An der Mensa ist die Baronskrone angebracht, sie muß also vor 1551 entstanden sein; man wird ein

---

[56] P. du Colombier, La chapelle d'Écouen. In: Gazette des Beaux-Arts 1936, S. 82 deutet irrtümlicherweise jenes Wappenfeld (Percier Fol. 13; rechts oben) als ein „Tympanon“ des Haupteingangs der Kapelle, welches verlorengegangen sei.

[57] Baltard et Duval, Paris et ses monumens. Band II, Paris 1805, S. 14, Tafel 9 u. 10.
A. Lenoir, Musée des monuments français. Tome IV, Paris 1805, S. 106. Abb. des Altars in tome V, Tafel 171.

[58] F. de Guilhermy, Musée de sculpture du Louvre. In: Annuaire archéologique, tome XII, 1852, S. 86. — Paul Vitry, Jean Goujon. Paris o. J.
P. du Colombier, La chapelle d'Écouen. In: Gazette des Beaux-Arts 1936, S. 79—94. Du Colombier schreibt den Entwurf des Altars Goujon zu — nicht aber dessen Ausführung; bei den figuralen Reliefs unterscheidet er zwei „Hände“.

[59] Heinrich von Geymüller, Die Baukunst der Renaissance in Frankreich, Band I, Stuttgart 1898, S. 133.

Datum um 1545 annehmen können. — Es besteht nun motivisch-stilistische Verwandtschaft zwischen dem Unterbau des Retabels und der Sockelzone des Sakristei-Portals einerseits und (worauf schon Du Colombier aufmerksam gemacht hat) zwischen dem Retabel und dem Kapellenportikus andererseits. Da jene beiden Architekturen nach 1551 zu datieren sind, so ist anzunehmen, daß auch das Retabel und dessen Unterbau in der ersten Hälfte der fünfziger Jahre entstanden sein werden.

12. Der Kamin des Festsaals (Abb. 12)

Der große Prunkkamin im Festsaal des Hauptgeschosses des Nordflügels kann erst nach Fertigstellung dieses Flügels in der ersten Hälfte der fünfziger Jahre gebaut worden sein. Es ist schwierig, ihn genauer zu datieren; stilistisch weicht er von den übrigen Architekturen des Schlosses ab. — Folgende Argumente sind zu bedenken:

a) Der Kaminrahmen, der aus rotem Marmor besteht, und der Kaminmantel mit seinen beiden Seitenpfosten (aus Kalkstein) sind nicht gemeinsam gebaut worden, die „Naht" zwischen beiden ist deutlich sichtbar. Der Kaminmantel ist also auf jeden Fall später entstanden als der Kaminrahmen.

b) Im Kaminmantel ist ein Relief mit einem Genius, der den Konnetabel-Degen hält, eingelassen. (Dieses Relief paßt nicht genau in seinen Rahmen, vielleicht stammt es aus einem anderen Zusammenhang.)

Der Kaminrahmen könnte also in die erste Hälfte der fünfziger Jahre, der Kaminmantel in die zweite Hälfte (1555—63) datiert werden[60].

[60] Diese Frage ist jetzt zum Teil geklärt durch jenen von F.-Ch. James (vgl. Anm. 4) gefundenen Brief vom 10. April 1554, in welchem Lansac dem Konnetabel mitteilt, daß der Kardinal Farnese die Marmorteile für einen Kamin geschickt habe.

IV. Der Ursprungsbau

Mit dem Bau des Nordostpavillons — gegen 1545 — lag der Ursprungsbau in seiner Grundgestalt fest. Der Nordflügel gehört bereits der zweiten Bauphase an, doch war er, wie das die „Anschlußstücke" an seinen beiden Pavillons zeigen, schon von Anfang an vorgesehen und dadurch in seiner späteren Gestalt weitgehend festgelegt. In welcher Bauphase der Eingangsflügel entstanden ist, das läßt sich nicht mehr eindeutig entscheiden; die Lisenengliederung spricht aber wohl dafür, ihn noch der ersten Phase, also dem Ursprungsbau, zuzurechnen. Die erste Bauphase hätte demnach von etwa 1532/35 bis 1550, die zweite von 1551 bis 1561 gedauert.

Trotz der späteren Anbauten ist der Ursprungsbau des Schlosses von Écouen in seiner Eigenart erhalten geblieben, er kann als ein Werk der französischen Architektur der dreißiger Jahre des 16. Jahrhunderts beschrieben werden. Es ist anzunehmen, daß diesem Bauwerk von Anfang an ein einheitlicher, auf das Ganze gerichteter Plan zugrunde gelegen hat, und daß sich diesem Plan auch noch die späteren Veränderungen und Ergänzungen eingefügt haben.

Dieser Ursprungsbau des Schlosses soll zunächst in einer systematischen Übersicht beschrieben werden.

1. Die Gesamtdisposition

Das Schloß von Écouen ist seinem Typus nach ein „château" (im Unterschied zum „manoir"), es ist der Wohnsitz eines hochgestellten Lehnsherrn (seigneur) — architektonisches Merkmal dafür sind die Rundtürmchen an den Außenfronten des Schloßbaus und der Graben, also die Befestigungsmotive[61].

Der Schloßbau ist eine um einen rechteckigen, 45 zu 40 Meter großen Hof gruppierte Vierflügelanlage mit nach außen vorspringenden Eckpavillons. Die Pavillons sind dreigeschossig und mit Walmdächern gedeckt, die Flügel sind zweigeschossig und mit Satteldächern gedeckt; die Dächer sind ausgebaut. An den Außenfronten sind in die Ecken zwischen den Pavillons und den Flügeln Rundtürme mit spitzen Kegeldächern eingestellt.

---

[61] Vgl. Viollet-le-Duc, Dictionnaire Raisonné de l'Architecture. Stichwort „château" und „manoir".

Die Vierflügelanlage ist nach den Himmelsrichtungen orientiert, und sie ist zweiseitig-symmetrisch unterschieden: Die Pavillons sind auf rechteckigem Grundriß errichtet, mit ihren Schmalseiten fassen sie den Ost- und den Westflügel ein. Diese beiden Flügel sind die Eingangsflügel des Schlosses, der Haupteingang liegt im Osten; diese beiden Flügel sind schmäler als der Süd- und der Nordflügel, ihre Dächer sind niedriger. Im Hauptgeschoß enthält der Westflügel (und enthielt der Ostflügel) eine Galerie.

Süd- und Nordflügel werden von den Breitseiten der Pavillons eingefaßt; in diesen beiden Flügeln sind sämtliche Treppen des Schlosses untergebracht.

2. *Die Pavillons, die Flügel, die Türme*

Die vier Pavillons des Schloßbaus gleichen sich in ihrer Grundgestalt und in ihren Ausmaßen. Rechteckig im Grundriß, sind sie 14,4 Meter lang und 11,2 Meter breit. Sie sind dreigeschossig, gedeckt mit einem Walmdach, und sie haben je ein ausgebautes Dachgeschoß. Die Höhe bis zum Kranzgesims beträgt 15 Meter, bis zum Dachfirst 27,5 Meter; die Geschoßhöhe (jeweils bis zur Kranzleiste der Gurtgesimse gemessen) nimmt nach oben zu ab: 6,8; 5,5; 3,7 Meter. Das Kellergeschoß des Nordostpavillons liegt an der Ostseite frei, es ist 6 Meter hoch. Im Südostpavillon ist die Kapelle untergebracht.

Die Flügel des Schloßbaus sind zweigeschossig, sie sind mit Satteldächern gedeckt und haben ebenfalls ausgebaute Dachgeschosse. (Der zerstörte Ostflügel hatte — nach Ducerceau — eine Dachkonstruktion in Form einer flachen Längstonne und kein Dachgeschoß.) Der Süd- und der Nordflügel gleichen sich in den Abmessungen: Länge 45 Meter, Breite 10,2 Meter. Die Höhe bis zum Kranzgesims beträgt 12,3 Meter, bis zum Dachfirst 24 Meter. Der Ostflügel und der Westflügel sind kürzer (40 Meter) und schmäler (8 Meter; 9,4 Meter), die Firsthöhe des Westflügels beträgt nur 22 Meter. Die Geschoßhöhen gleichen denen des Süd- und Nordflügels: 6,4 und 5,8 Meter.

An allen vier Außenfronten des Schlosses ist in die Ecken zwischen den Pavillons und den Flügeln je ein zylindrischer Turm auf dem Grundriß eines Viertelkreises eingestellt. Die Hohlzylinder im Innern der Türme sind zum Teil in das Mauerwerk der angrenzenden Flügel und Pavillons eingebettet. In den beiden Türmen der Nordfront und im Westturm der Südfront sind Wendeltreppen untergebracht, die übrigen Türme enthalten kleine Kabinette.

Ähnlichkeit in Gestalt und Abmessung besteht zwischen den Türmen der Südfront und der Nordfront. Diese Türme sind als Viertelzylinder lotrecht bis in die Höhe des Kranzgesimses der Pavillons aufgemauert, darauf stehen — zurückversetzt und durch flache Strebepfeiler verbunden — schmälere Rundtürmchen, die an den Seiten oder Rückseiten auch von planen Wänden begrenzt sein können. Diese Türmchen haben spitze Kegeldächer, die entsprechend den Wandteilen mit planen Dachflächen kombiniert sind, so daß sich dort zum Teil Kombinationsformen von Kegeln und Prismen ergeben.

Die beiden Türme der Ostseite sind vom zweiten Geschoß an als Halbzylinder aufgemauert. Die runden Turmzimmer mit den Rundbogenfenstern sind außen verputzte Holzkonstruktionen, als solche einschließlich der Dächer vielleicht Werke des 19. Jahrhunderts. — An der Westfront sind die Türme als Erkertürmchen ausgebildet; sie ruhen auf Konsolen in Höhe des Gurtgesimses. Gedeckt sind sie mit Kegeldächern, die von den Walmdächern der Pavillons zum Teil überschnitten werden.

3. Die Säle und Galerien (Abb. 11)

Der Aufbau sämtlicher Galerien und Säle des Schlosses unterliegt dem selben Schema: diese Räume sind geschoßhoch, sie nehmen die ganze Breite des jeweiligen Pavillons oder Flügels ein, und sie sind mit Balkendecken gedeckt. (Eine Ausnahme: der große Saal, die Küche, im Kellergeschoß des Nordostpavillons ist mit einem flachen steinernen Tonnengewölbe eingewölbt.)

Die Wände der Säle und Galerien sind vollkommen ungegliedert und glatt, sie werden nur unterbrochen von den seichten rechteckigen Fensternischen, die vom Fußboden fast bis in die Höhe der Sparrendecke in das Mauerwerk eingeschnitten sind. Über den etwa einen Meter hohen Fensterbrüstungen sind diese Nischen ganz von den Fenstern durchbrochen. In manchen Sälen liegen sich die Fenster der beiden Längswände symmetrisch genau gegenüber, meistens ist das aber nicht der Fall, in den Sälen der Pavillons grundsätzlich nicht.

In den Wandteilen, die zwischen den Fensternischen verbleiben, sind alle 4—5 Meter die mächtigen Querbalken der Decke verankert. Auf diesen Querbalken liegen die Längssparren, darauf die eigentliche Decke. In den Sälen der ausgebauten Dachgeschosse ist die Decke ein Teil der tragenden Holzkonstruktion des Dachstuhls; die Wände gehen in halber Höhe in die dem Dach entsprechende Schräge über.

Innerhalb eines Geschosses unterscheiden sich die Säle und Galerien in den Abmessungen nur in der Länge. — Eine Galerie ist im Hauptgeschoß des Westflügels eingerichtet, sie beansprucht fast die gesamte Länge dieses Flügels. Das Dachgeschoß darüber ist ebenfalls zu einer durchgehenden Galerie ausgebaut. Eine Galerie enthielt auch der Ostflügel.

Die großen Säle des Schlosses, die Repräsentations- und Wohnräume, sind in den Pavillons und im Süd- und im Nordflügel untergebracht. Die vom Hof her einzeln zugänglichen Appartements im Erdgeschoß des Westflügels waren ursprünglich wohl Gästewohnungen.

Die nicht mobile malerische Ausstattung der Säle konnte bestehen aus:

a) Glasmalerei in den Fenstern[62], c) Wand- und Deckenmalerei[64].
b) bemalten Fußboden-Fliesen[63],

Deckenmalerei gibt es nur in der Kapelle und in der Sakristei, dort sind die steinernen Rippengewölbe bemalt. In den Sälen ist die Wandmalerei auf drei Stellen beschränkt: bemalt sein können die Kaminmäntel, die Leibungen der Fensternischen und an den Wänden ein ringsumlaufender Fries in Höhe (und von der Breite) der Querbalken der Decke. Die Balkendecken bleiben — mit Ausnahme der Balkenstirnen in wenigen Sälen — unbemalt.

Die Malereien im Fries und in den Fensternischen bestehen zumeist aus Grotesken-Motiven. Die Gemälde an den Kaminen haben biblische, zum Teil auch mythologische Themen zum Vorwurf; stilistisch sind sie der ersten Schule von Fontainebleau zuzuordnen. Der Grundaufbau dieser Gemälde ist überall gleich: in die Mitte der rechteckigen Kaminmäntel ist in einen gemalten Rahmen die eigentliche Bildkomposition gesetzt, und diese Bilder sind umgeben von gemalten Rollwerkkartuschen, die von Figuren, Blumen- und Früchtefestons und Groteskenmotiven durchsetzt sind.

Es ist nicht genau bekannt, welche Säle mit bemalten Fußbodenfliesen ausgelegt waren. In der Beschreibung des Schlosses vom 4. August 1678 (Procès Verbaux de l'Academie Royale d'Architecture) sind nur die Fliesen in den Galerien des Ostflügels und des Westflügels sowie diejenigen in der Kapelle erwähnt. Die im Schloß erhaltenen Fliesen sind heute im Festsaal des Nordflügels und in der Kapelle versammelt; diese Anordnung stammt aus dem Jahre 1850[65]. — Die kleinen quadratischen Platten sind zu größeren Kompartimenten zusammengesetzt, in denen die heraldischen Zeichen des Konnetabels und seiner Gemahlin, Heinrichs II., der Diana von Poitiers und der Katharina von Medici dargestellt sind.

Die erhaltenen Glasmalereien werden heute im Musée Condé aufbewahrt. — Die Fenster mit der Geschichte der Psyche stammen aus der Galerie des Westflügels, in der Galerie des Ostflügels waren Fenster mit Groteskenmotiven. In den Fenstern aus der Kapelle sind der Konnetabel und seine Frau mit Söhnen und Töchtern dargestellt. Sehr wahrscheinlich besaßen nicht alle Säle gemalte Glasfenster.

---

[62] A. Lenoir, Traité historique de la peinture sur verre. Paris 1806. L. Magne, L'œuvre des peintres verriers français. Paris 1885. H. Lemonnier, La Galerie de Psyché au château de Chantilly. In: Gazette des Beaux-Arts, Mai 1928.

[63] A. Lenoir, Musée des Monuments français. Tome III, 1802, S. 123, Tafel 118 u. 119.
A. Pottier, Histoire de la faïence de Rouen. Rouen 1870, S. 52—54. Tafel I.

[64] A. Gallet, Peintures murales au château d'Écouen. In: Réunion des Sociététes des Beaux-Arts des Départements. Tome VI, 1882, S. 89—95. L. Dimier, Le Primatice, peintre, sculpteur et architecte des rois de France. Paris 1900, S. 125—127.
(Im Zusammenhang mit der Restaurierung des Schloßbaus und der Wandmalereien wird in Frankreich eine Publikation jener Wandmalereien vorbereitet.)

[65] Vgl. A. Pottier, Histoire de la faïnce de Rouen. Rouen 1870, S. 52—53.

4. Die Kapelle (Abb. 19, 20)

Die Kapelle ist im Südostpavillon eingerichtet, am Außenbau ist sie nur durch die großen Maßwerkfenster als solche gekennzeichnet. Der Kapellenraum beansprucht alle drei Geschosse des Pavillons, er ist mit einem steinernen Rippengewölbe eingewölbt. Die äußere Längswand ist von zwei Maßwerkfenstern durchbrochen, die äußere Schmalwand von einem Fenster. (An dieser Wand stand, flankiert von zwei dorischen Säulen, der Altar.) Die innere Längswand hat links unten eine schlichte spitzbogige Türöffnung als Zugang zur Sakristei (die im Rundturm untergebracht ist), darüber eine rundbogige Öffnung — die Loge des Konnetabels. An der inneren Schmalwand ist der Haupteingang, darüber eine von großen Konsolen getragene Tribüne.

Die Kapelle ist nicht von einer eigenen Raumkonzeption her entwickelt. Sie ist den Bedingungen des Außenbaus unterworfen, wodurch der Kapellenraum in seiner kastenförmigen Grundgestalt festgelegt war. Aber auch dann ist nicht der Versuch gemacht worden, durch eine vereinheitlichende Wandgliederung oder auch nur symmetrische Zuordnung der konstituierenden Baumotive den Kapellenraum in einem künstlerisch höheren Maße als Innenraum hervorzubringen. (Das hat den „Vorteil“, daß die einzelnen großen Motive der Dekoration — die farbigen Glasfenster, der Fayence-Fußboden, die bemalte Decke — stärker verselbständigt sind und dadurch wirkungsmächtiger hervortreten[66].)

Der Baugedanke besteht darin, in der Kapelle Wand und Decke zu trennen und die Decke zum Ort des baukünstlerisch Gestalteten zu machen. Das Rippengewölbe ist in den von den glatten starren Wänden gebildeten Kastenraum gleichsam nur eingehängt, die Rippen enden in Kapitellkonsolen.

Die Konstruktion dieses Gewölbes ist nicht leicht einzusehen[67]; zwei Auffassungen verschränken sich: die eines gotischen Rippengewölbes, bei dem die Rippen die konstruktiven Bestandteile, die Kappen lediglich „Füllung“ sind, und die eines Tonnengewölbes mit Stichkappen, bei dem die Rippen lediglich eine konstituierende, nicht aber konstruktive Funktion haben. — Der mittlere Teil der Decke kann als eine im Scheitel abgeflachte Längstonne aufgefaßt werden, in die von den Breitseiten her je drei spitzbogige Stichkappen einschneiden, deren Grate als Rippen gegeben sind. Die Schnittpunkte dieser Rippen, die nicht im Scheitel der Längstonne liegen, sind durch gerade Rippen verbunden, so daß im Gewölbescheitel zwei rechteckig gerahmte Felder entstehen (in die die Ehewap-

---

[66] An der Längswand der Kapelle waren mindestens drei Gemälde aufgehängt: das Abendmahl von Marco d'Oggiono, die Grablegung von Rosso, eine Grablegung Christi, die Jean de Gourmont zugeschrieben wird. Die Gemälde sind heute im Besitz des Louvre: Kat.Nr. 1603, 1485 (Kat. Hautecœur, 1926), 365 (Kat. Brière, 1924). Vgl. P. DU COLOMBIER in: Gazette des Beaux-Arts 1936, S. 82.

[67] Vgl. L. HAUTECŒUR, Histoire de l'Architecture classique en France. Tome Ier, vol. I („La première Renaissance“) Paris 1963, S. 362.

pen des Konnetabels gemalt sind). An die Schmalseiten dieser Felder sind wiederum aus Rippen gebildete, gleichschenklige Dreiecke angeschlossen, die die Aufgabe haben, die übrigen Teile des Gewölbes mit der Gewölbemitte zu verbinden: von den Schmalseiten her spitzbogige Kappen, deren Rippen sich im Scheitelpunkt jener Dreiecke schneiden, und von den Ecken her je ein paralleles Rippenpaar, das zusammen mit den Schenkeln jener kleinen Dreiecke und mit den in der Wand verankerten Trompen in orthogonaler Projektion ebenfalls jeweils ein rechteckiges Feld ergeben würde. Die Gewölbe bestehen dort aus sehr flachen Kappen, so daß die tiefer heruntergezogenen Rippen fast frei liegen. — Zwischen diesen Rippen, in den Ecken des Raumes, sind Nischen, in denen in Gestalt farbig gefaßter Skulpturen die vier Kirchenväter sitzen; über ihnen die Evangelistensymbole. (Der Aufstellungsort der Skulpturen, im Bereich der Decke, ist an sich schon merkwürdig.)

Das Gewölbe selbst ist reich geschmückt: in den Schnittpunkten der Rippen sind fein skulpierte, farbig gefaßte Schlußsteine und die Ehewappen Annes de Montmorency und der Madeleine de Savoie eingesetzt; die Gewölbekappen sind bemalt mit heraldischen Motiven, zum Teil in gemalten Rollwerkkartuschen.

5. Die Treppen

In der Mitte des Süd- und des Nordflügels ist je eine große Treppe untergebracht. (Diejenige des Nordflügels gehört der zweiten Bauphase an, sie wird weiter unten beschrieben.) — Die Treppe des Südflügels besteht in der Kombination einer gradläufigen Treppe mit einer Wendeltreppe. Sie ist in ein rechteckiges, zum Flügel quergestelltes Treppenhaus eingebaut, welches in der Mitte durch eine Querwand in zwei parallele Läufe geteilt ist. Von der Hofseite her steigt die Treppe in einem geraden Lauf an, biegt in halber Geschoßhöhe in einem Wendel um 180° um und erreicht wiederum in einem geraden Lauf das erste Stockwerk. Von dort führt eine Treppe der selben Art zum Dachgeschoß. Die Treppenläufe haben (im Unterschied zur Treppe des Nordflügels) keine besondere Substruktion, die Steinbalken der in der Mauer verankerten Stufen tragen sich selbst. Die Treppenabsätze liegen an der Hofseite, sie dienen auch als Verbindungsgang zwischen den Sälen zu beiden Seiten des Treppenhauses.

Die übrigen kleineren Treppen des Schloßbaus sind Wendeltreppen; es gibt solche in einem zylindrischen und solche in einem viereckigen Treppenhaus. Die einen sind in den Türmen der Süd- und der Nordfront (mit Ausnahme des Turms an der Kapelle) untergebracht, die anderen neben den Pavillons im Nord- und im Südflügel. (Nur am Nordwestpavillon ist keine solche Treppe eingerichtet.) Diese Wendeltreppen sind so konstruiert, daß die einzelnen Stufen jeweils durch Drehung um die Treppenspindel, die aus den Stufen selbst gebildet wird, gegeneinander versetzt und in der Wand des Treppenhauses verankert sind.

6. *Die Keller* (Abb. 10)

Einige Teile der Vierflügelanlage sind unterkellert: der Südflügel und seine beiden Pavillons, der Ostflügel, der Nordostpavillon und die östliche Hälfte des Nordflügels. Zugänglich sind die Keller über die Treppen im Inneren der Flügel oder durch Tunnel vom Schloßgraben her (Südflügel, Südostpavillon). Das Kellergeschoß des Nordostpavillons liegt an der Ostseite frei im Graben und ist von dort her zugänglich.

An der Südseite liegt der Fußboden der Keller etwa auf dem Niveau der Grabensohle; auf dem selben Niveau liegen auch die Keller des Ost- und des Nordflügels, die Grabensohle fällt jedoch in der nördlichen Hälfte des Ostgrabens um mehrere Meter ab (Abb. 3), und auf deren Niveau liegt der Fußboden des Kellers im Nordostpavillon. Dieser Keller liegt also um mehrere Meter tiefer als die angrenzenden Keller des Ost- und des Nordflügels. (Die Keller dieser beiden Flügel kommunizieren auch nicht über den Keller des Pavillons, sondern sie sind durch einen kurzen unterirdischen Gang verbunden, der die Ecke zwischen beiden Flügeln außerhalb der Baulinie schneidet.)

Die Keller der Südseite und der südlichen Hälfte des Ostflügels sind fensterlos, der Keller im Nordflügel hat niedrige Schachtfenster; die Keller des Nordostpavillons und der nördlichen Hälfte des Ostflügels liegen nach Osten frei und sind direkt beleuchtet.

Die Keller haben steinerne Tonnengewölbe (oder daraus entwickelte Wölbformen). Bemerkenswert ist der quadratische Kellersaal im Nordflügel: genau in der Mitte steht eine toskanische Säule, und diese unterstützt die verbleibenden Mittelstücke von vier längs der Wände angeordneten Tonnen, die sich in den Raumdiagonalen schneiden.

In dem 5—6 Meter hohen Kellersaal des Nordostpavillons war ursprünglich die Küche des Schlosses untergebracht. Dieser Saal, heute durch eine Zwischendecke geteilt, ist gewölbt mit einer flachen Tonne mit Stichkappen, die auf Konsolen ruht. Diese kapitellartigen Konsolen zeichnen sich durch ihren feinen plastischen Schmuck aus: groteske Tiergestalten.

7. *Die Fronten*

In ihrem Grundaufbau sind die Fronten des Schlosses gleich, sie unterscheiden sich jedoch alle voneinander. Diese Fronten bestehen aus glatten Wänden, die von hohen Rechteckfenstern durchbrochen werden. Diese Fenster sind mit den am Dachansatz stehenden Lukarnen senkrecht in Fensterachsen übereingestimmt. Durch Lisenen sind die Wände außerdem in Abschnitte geteilt, und diese Lisenen sind mit den horizontal um den Bau herum laufenden Gurt- und Kranzgesimsen verkröpft. Weder durch Symmetrie noch durch Proportion sind die Fenster auf die so entstehenden Wandfelder bezogen.

Fenster und Lisenen können jedoch innerhalb einer Front symmetrisch einer Mittelachse zugeordnet sein. Das ist der Fall bei der Hof- und Außenfront des Westflügels (Abb. 6, 13). Die Fronten des Südflügels lassen diese Regelmäßigkeit vermissen, die Teile sind dort nicht auf eine Symmetrieachse bezogen. — Die Hoffronten des Süd- und des Nordflügels sind in den jeweils ersten Wandabschnitten deckungsgleich: im Erdgeschoß bestehen dort jeweils eine niedrige Türöffnung mit einem Fenster darüber (Abb. 7, 8).

Eine gewisse Regelmäßigkeit besteht auch in der Gliederung der Wände der Pavillons. Alle Pavillons haben Ecklisenen, die Wände können durch weitere Lisenen in zwei oder drei Wandabschnitte unterteilt sein. Symmetrisch entsprechen sich die Gliederungen der Pavillons an der Westfront und an der Nordfront.

8. Die Lisenen und Gesimse

Die Kranzgesimse setzen die Wand gegen das Dach ab, durch die Gurtgesimse werden die Geschosse unterschieden. Die Lisenen teilen die Wand vertikal in Wandabschnitte, zusammen mit den horizontalen Gesimsen bilden sie Wandfelder.

Die Lisenen sind glatte flache Wandvorlagen, die mit den Gesimsen verkröpft sind; nur die Hängeplatte der Kranzgesimse liegt unverkröpft als Abschluß darüber, und — eine Ausnahme — am Südost- und am Nordostpavillon laufen die Lisenen in das Kranzgesims hinein. (An den Lukarnen ist die Hängeplatte jeweils entsprechend der lichten Breite des Fensters unterbrochen.)

Der Aufbau der Gesimse entspricht dem des antiken Gebälks: sie sind dreiteilig und bestehen aus einem architravierten Profilband, einem Mauerband als Fries und aus der stärker vorkragenden Kranzleiste. Bei den Gurtgesimsen ist diese Kranzleiste ein schmales Sims aus zwei Faszien, beim Kranzgesims jedoch ein Gebälk, das aus der dreifach gestaffelten Kombination: Kehle — Faszie aufgebaut ist. Die noch mächtigeren Kranzgebälke der Pavillons haben statt des mittleren Karnies ein Konsolgesims.

Im Zuschnitt der Profile bestehen an den Gesimsen des Schloßbaus geringe Unterschiede.

9. Die Türen und Fenster

Die ursprünglichen Hauptportale des Schloßbaus sind nicht mehr erhalten. An der Außenfront des Westflügels ist jedoch noch der ursprüngliche Eingang zu erkennen: eine von einem Korbhenkelbogen überspannte Portalöffnung ohne Stirn- oder Leibungsprofilierung. Dieses Portal ist zugemauert und durch eine rechteckige Tür ersetzt worden; erhalten ist die Passage, sie hat ein Muldengewölbe. Die übrigen Zugänge zu den Flügeln und die Türen im Innern des Bauwerks sind schmucklose rechteckige Maueröffnungen.

Die Fenster des Schloßbaus haben alle dieselbe Grundgestalt: es sind hohe Rechteckfenster, die in die Wand eingeschnitten sind, d. h. sie haben keine Rahmenglieder, die aus der Wandebene vorkragen. Das Leibungsprofil ist bei allen Fenstern und Lukarnen gleich: ein viertel Rundstab und je ein schräg bzw. senkrecht zur Wandebene stehendes Flachband, jeweils voneinander abgesetzt durch ein „Bändchen". Bei den älteren Fenstern des Schloßbaus läuft das Leibungsprofil in die Fensterbank hinein, bei den jüngeren Fenstern knickt es an der Fensterbank um, und es ist dort entsprechend der lichten Breite des Fensters glatt durchgeschnitten.

Die Fensterkreuze sind in ihrer Grundgestalt ebenfalls gleich; sie bestehen aus flachen Steinbalken (Quadern), die im Profil eines Flachbandes schräg nach vorn abgefast sind, so daß der Quader dort die Grundform des Prismas annimmt. Am Fuße des Mittelpfostens bleibt ein Stück des Quaders stehen; die einzige Variationsmöglichkeit bei der Zurüstung der Fensterkreuze besteht in der Gestaltung des Übergangs vom „Quader" zum „Prisma".

Im Innern des Bauwerks sind die Fenster in rechteckige, schräg in die Mauer eingeschnittene Nischen eingelassen, die bis auf den Fußboden reichen, so daß die Fensterbrüstung die selbe Mauerstärke wie die Fensterleibung bekommt.

10. Die Lukarnen

In ihrem Gesamtaufbau gleichen sich die Lukarnen des Schloßbaus. Sie bestehen aus der Fensterrahmung — jeweils zwei Pilaster mit Gebälk — und einem Giebel. Innerhalb dieser Grundgestalt gibt es jedoch die verschiedensten Ausprägungen. Es lassen sich in zwei Abteilungen mehrere Gruppen unterscheiden.

In der ersten Abteilung sind hier diejenigen Lukarnen zusammengefaßt, deren Architekturformen (Pilaster, Gebälke) in einer sehr freien, unkanonischen Nachahmung antiker Bauformen erscheinen. Diese Lukarnen haben — wie Gebelin[68] festgestellt hat — ihre Vorbilder in der Schloßbaukunst der Touraine und des Blésois. — Die zweite Abteilung umfaßt diejenigen Lukarnen, deren Architekturformen einen kanonischen (durch Nachahmung der Vorbilder in den Architekturbüchern Serlios und Martins geprägten) Zuschnitt erfahren haben.

I. Abteilung

1 a) Gleichartig sind die Lukarnen der Hoffront des Westflügels. Die Rahmung setzt sich zusammen aus kassettierten korinthischen Pilastern auf Pie-

[68] GEBELIN, Les château de la Renaissance, S. 89.

destalen und einem mit den Pilastern verkröpften Gebälk. Die Giebel bestehen jeweils aus einem trapezförmigen Sockel, auf den eine Nische, gerahmt von zwei Pilastern mit Gebälk und Dreiecksgiebelchen, gestellt ist. Gleichsam gestützt wird diese Nische von zwei einhüftigen Architekturstücken: neben dem Sockel steht je ein kleiner ionischer Pilaster, dessen Gebälk in die Pilaster der Nische in halber Höhe hineinläuft. Über den ionischen Pilastern stehen Flammvasen, in den Ecken zwischen dem Gebälk und den Nischen ringeln sich wie Voluten basiliskenartige Wesen: Blattranken mit Pferde(?)köpfchen (Abb. 33).

1 b) Die beiden Lukarnen des ersten Wandabschnitts der Hoffront des Süd- und des Nordflügels gleichen denen des Westflügels in der Fensterrahmung vollkommen, sie unterscheiden sich im Giebel. Dieser besteht hier aus einer Kleinarchitektur — korinthische Säulchen mit Gebälk und Giebelchen-, die je ein Wappenfeld einschließt und von Blattrankenvoluten flankiert wird. Auf dem Giebelchen: je eine Blattmaske mit Früchtekorb und Blattrankenvoluten (Abb. 34).

1 c) Die Lukarnen der Hoffront des Südflügels haben fast dieselbe Fensterrahmung wie die Lukarnen der beiden ersten Gruppen — nur sind die korinthischen Pilaster glatt, nicht kassettiert; sie unterscheiden sich wiederum im Aufbau des Giebels. Diese bestehen hier aus einer von korinthischen Pilastern gerahmten, von Gebälk und Dreiecksgiebelchen bekrönten Tafel, die zur Aufnahme der Wappen etc. dient, und die an den Seiten gestützt wird von je einem kleineren ionischen Pilaster, dessen Gebälk einhüftig an jener Tafel lehnt. Darauf sind palmettenartige Akrotere gesetzt, und die Intervalle zwischen Pilastern und Tafeln sind „gefüllt“ mit je einem Säulchen mit einem Gebälkstück, auf dem eine kreisrunde Maßwerkform steht.

2 a) Die Lukarnen der Außenfront des Westflügels schließen sich zu einer Gruppe zusammen. Die Fensterrahmung besteht aus glatten ionischen Pilastern, die mit dem Gebälk verkröpft sind. (Ausnahme: die mittlere Lukarne hat kassettierte korinthische Pilaster.) Die Giebel sind halbrunde, leicht gestelzte Tafeln die von einem glatten (oder als Eierstab gegebenen) Profilband eingefaßt sind, welches an den Seiten umbiegt, ohne das als Sockel dienende Gebälk zu berühren. Auf dem Scheitel dieser Tafeln steht als Akroter je eine Vase, deren zwei flankieren sie (Abb. 35).

2 b) Die Lukarnen der Außenfront des Südflügels (mit Ausnahme der mittleren beiden Lukarnen) entsprechen in ihrer Rahmung den Lukarnen der Außenfront des Westflügels. Die Giebel sind hier trapezförmige, an den Seiten jedoch eingerundete und oben abgetreppte Tafeln, auf denen ein kurzes Gebälkstück mit einem Dreiecksgiebelchen sitzt. Neben dem Giebelfeld stehen als Akrotere niedrige Kandelaber; dazwischen Blattrankenvoluten (Abb. 36).

2 c) Die Lukarne der Südseite des Kapellenpavillons hat fast dieselbe Fensterrahmung wie die Lukarnen der Gruppen 2 a und 2 b. Der Giebel besteht aus einer von korinthischen Pilastern gerahmten, mit Gebälk und Dreiecksgiebel-

chen bekrönten Tafel, die von Palmettenakroteren flankiert und durch je eine Blattrankenvolute „gestützt" wird.

3 a) Gleichartig sind die Lukarnen des Nordwest- und des Südwestpavillons an der Westseite. Die Fensterrahmung entspricht derjenigen der Lukarnen der Außenfront des Westflügels, doch sind hier die Lukarnen mit den Fenstern des dritten Geschosses des Pavillons, die ebenfalls von ionischen Pilastern gerahmt sind, in einer Superposition zusammengefaßt. Die Giebel dieser Lukarnen bestehen aus einem niedrigen Dreiecksgiebelchen, auf dessen Scheitel als Akroter je eine Vase steht; zwei Vasen flankieren den Giebel.

3 b) Die Lukarnen an der Nordseite des Nordwestpavillons und an der Südseite des Südwestpavillons sind ebenfalls gleich. Sie sind auch mit den durch Pilaster gerahmten Fenstern des dritten Geschosses in einer Superposition zusammengefaßt; gerahmt sind sie mit korinthischen Säulen, mit denen das Gebälk verkröpft ist. — Der Giebel der Lukarne des Nordwestpavillons entspricht denen der unter 3 a beschriebenen Lukarnen; die Giebel der beiden Lukarnen des Südwestpavillons bestehen aus einer Tafel, die von Pilastern eingefaßt und von Gebälk und Dreiecksgiebelchen bekrönt ist.

II. Abteilung

1) Die Fenster der beiden gekuppelten Lukarnen in der Mitte der Außenfront des Südflügels sind gerahmt von einem architravierten Leibungsprofil und eingefaßt von dorischen Pilastern und einem dorischen Gebälk mit Mutulengeison. Die Giebel bestehen aus hohen Tafeln in Trapezform (mit konkaven Seiten), auf die ein Gebälkstück mit einem Wellenband („laufender Hund") und jeweils ein Segmentbogengiebelchen gesetzt sind. Auf den Seiten der Giebeltafeln hocken Sphinxe, die nach oben in Voluten übergehen. — Der Zuschnitt der Pilaster, Gebälke und Profile ist präzis, er entspricht der kanonischen Form dieser Teile, wie sie von Serlio dargestellt worden ist. Für das dorische Gebälk, das dadurch ausgezeichnet ist, daß über den Pilastern die Triglyphen als Triglyphenkonsolen ausgebildet sind, gibt es Vorbilder in Serlios IV. Buch[69] (Abb. 37).

2) Die Lukarnen an der Ostseite des Südost- und des Nordostpavillons gleichen sich in ihrem Aufbau. Die Rahmung besteht aus dorischen Pilastern auf Piedestalen und aus einem dorischen Gebälk. Die Giebel, die den Giebeln der Lukarnen der Hoffront des Westflügels ähneln, bestehen aus einem trapezförmigen Sockel, auf dem eine von korinthischen Pilastern gerahmte, von Gebälk und Segmentbogengiebelchen bekrönte Tafel steht. Diese Tafel wird seitlich gestützt von einhüftigen Bauteilen: auf korinthischen Pilastern liegen Gebälk- und Bogenstücke, die sich an die Tafel anlehnen. Der Sockel und der Giebel sind mit Blattranken und Masken geschmückt. Im Unterschied zu den Giebeln, in denen die an-

[69] Sebastiano SERLIO, Tutte l'opere d'Architettura, Venetia 1619, Fol. 147 r und 158 r.

tiken Bauformen in sehr freier Weise verwendet sind, sind die Bauglieder der Rahmungen den kanonischen Regeln entsprechend zugeschnitten. Die dorischen Gebälke, deren Metopen mit Stierschädeln und Scheiben versehen sind, haben ein Vorbild in Serlios IV. Buch[70]; bezeichnend sind die Scheiben mit dem Rankenmotiv (Abb. 38).

3) Die Lukarne an der Nordseite des Nordostpavillons ist heute ein Einzelstück, nach den Stichen Ducerceaus kann aber angenommen werden, daß die Lukarnen des Ostflügels eine ähnliche Gestalt hatten. Die Lukarne hat einen architravierten Fensterrahmen (ohne Pilaster) darüber ein Gesims auf Konsolen, auf dem als Giebel ein trapzeförmiger Sockel mit einer Früchtevase und verschiedenen Figürchen ruht. Für diese Lukarne lassen sich keine direkten Vorbilder bei Serlio nachweisen; die Profile und Gesimse sowie das Wellenband über der Fensterrahmung sind jedoch nach den Regeln und sehr präzis zugeschnitten.

4) Die fünf dorischen Lukarnen der Hoffront des Nordflügels werden hier ebenfalls als Lukarnen des Ursprungsbaus beschrieben, denn es konnte ja gezeigt werden, daß die dorische Lukarne des ersten Wandabschnitts (Abb. 40) wahrscheinlich als Modell für die übrigen vier Lukarnen gedient und schon vor dem Bau des Nordflügels bestanden hat (Abb. 39). — Die Fenster dieser Lukarnen von einem architravierten Leibungsprofil gerahmt und eingefaßt von kannelierten dorischen Pilastern. Die Metopen des Gebälks enthalten Stierschädel und Rosetten. Die Giebel setzen sich zusammen aus rechteckigen Tafeln (mit oben vorspringenden Nasen), auf die jeweils ein Stierschädel gestellt ist, an dem zwei Blattmasken lehnen. Seitlich sind die Tafeln von Palmetten-Voluten gestützt, daneben stehen als Akrotere Trophäen (Kürasse). An den Tafeln ist abwechselnd das Montmorency-Wappen oder ein geflügeltes Blitzbündel angebracht. — Auch die Architekturformen dieser Lukarnen haben ein klassisches Gepräge. Terrasse und Gebelin[71] haben auf die Ähnlichkeit der dorischen Friese und der Blitzbündel mit den (von Goujon gezeichneten) Illustrationen in der 1547 erschienenen Vitruv-Übersetzung des Jean Martin hingewiesen.

11. Die Kamine und die Schornsteine

Die Kamine des Ursprungsbaus sind ungemein einfach und schmucklos; sie bestehen aus der rechteckigen Feuerstelle und einem hohen, bis an die Decke reichenden Kaminmantel (Rauchfang). Diese Kamine sind aus Steinquadern glatt aufgemauert, architektonischer oder plastischer Schmuck fehlt gänzlich. (Der Marmorkamin im zweiten Geschoß des Nordwestpavillons ist, ebenso wie der Prunkkamin im Nordflügel, wohl erst während der zweiten Bauphase eingebaut worden.)

---

[70] Serlio, Tutte l'opere d'Architettura. Venetia 1614, Fol. 142 r.

[71] Gebelin, Les châteaux de la Renaissance, S. 90, 2 Abb.

Im Süd- und im Nordflügel sind die Kamine an den Querwänden angeordnet, im Westflügel, wo nur die Appartements im Erdgeschoß Kamine haben, an der Außenwand; auch in den Pavillons sind die Kamine zumeist an den Außenwänden eingerichtet.

Nach der Anordnung der Kamine im Innern richtet sich die Anordnung der Schornsteine am Außenbau. Die Schornsteine, die zu den Kaminen an den Querwänden gehören, durchsetzen das Dach, die anderen stehen wie Lukarnen auf den Fronten.

Die mächtigen Schornsteine sind viereckig, und in der Höhe erreichen oder übertreffen sie den Dachfirst; sie sind zumeist aus Backstein aufgemauert und an einer oder mehreren Seiten mit Haustein verkleidet. Sie können mit Pilastern, sogar mit Säulen oder anderen architektonischen Motiven geschmückt sein.

12. Das heraldische Bauornament

Am Bauwerk sind vielfach die Montmorency-Wappen angebracht; zum Teil erscheinen sie paarweise als Ehewappen Annes de Montmorency und seiner Ehefrau Madeleine de Savoie.

Das Montmorency-Wappen besteht aus einem roten Kreuz auf goldenem Grund, umgeben von sechzehn blauen Adlern, die keine Schnäbel und Krallen haben (alerions); das Ehewappen der Madeleine de Savoie besteht zur Hälfte aus dem halben Montmorency-Wappen, zur Hälfte aus dem halben Savoie-Wappen: silbernes Kreuz auf rotem Grund. — Die Wappen sind am Außenbau nicht in Farben sondern nur in plastischen Formen gegeben, sie können noch durch Wappenhalter (Genien), die Barons- oder Herzogskrone, Helmzier, Ordenskette, Würdezeichen sowie Täfelchen mit der Devise „Aplanos“ vervollständigt sein.

Der Ort für das heraldische Ornament sind am Außenbau die Giebel der Lukarnen und die Schornsteine; im Innern des Bauwerks sind die Ehewappen an den steinernen Decken der Treppenabsätze der großen Treppe des Südflügels sowie unter der Tribüne in der Kapelle angebracht. (Der heraldische Schmuck erscheint und erschien natürlich vielfach auch in der gemalten Dekoration sowie an den späteren architektonischen Hinzufügungen.)

Das außerordentlich feine Relief unterhalb des Erkers in der Mitte der Außenfront des Westflügels gehört ebenfalls in den Bereich des heraldischen Schmuckes. Die Blattmasken sind vom feuerspeienden Salamander, dem Wappentier Franz I., umgeben.

13. Das Baumaterial und die Bautechnik

Der Schloßbau und auch die späteren Anbauten sind aus sorgfältig gefügten Hausteinquadern erbaut. Es lassen sich mindestens zwei Steinsorten unterscheiden: für die unteren Steinlagen sowie für die Basen und Kapitelle der Säulen und für Ähnliches wurde ein hartes feinkörniges Kalksediment (liais de Senlis) verwendet, sonst ein weicherer Kalkstein (liais de Trossi)[72]. Im Innern des Bauwerks hat dieser Stein seine ursprüngliche Farbe bewahrt — ein lichter, fast zum Weiß aufgehellter Ocker. Am Außenbau hat sich dieser Stein je nach Wetterlage zu gelb, ocker, braun oder schwarzbraun verfärbt. An den feuchten Nordseiten ist er von Flechten befallen, und er erscheint dort zum Teil weiß gesprenkelt.

Die Steinquader sind in der Mauer in einzelnen Steinlagen versetzt, deren Höhe links und rechts der Fensteröffnungen differieren kann; in zusammenhängenden Mauerstücken haben die Lagen jedoch die gleiche Höhe, so daß die Lagerfugen nicht auf Stoßfugen treffen, von ein paar Baunähten abgesehen. — Die Mauer ist 90—100 Zentimeter stark, und sie besteht innen und außen aus je einer Schicht von Hausteinquadern, der Zwischenraum ist mit Mörtel und Bruchsteinen gefüllt. Die einzelnen Quader ruhen in einem etwa 2 Zentimeter dicken Mörtelbett; an den jüngeren Bauteilen (Nordostpavillon, Nordflügel) sind die Quader an der Außenhaut fast fugenlos versetzt, die Quader sind nach innen keilförmig leicht zugespitzt, das Mörtelbett liegt im Innern der Mauer. — Die Steine sind außen sorgfältig geglättet, und da auch die Fugen mit Mörtel glatt verstrichen sind, entstehen sehr plane, glatte Wände mit einem feinen Fugennetz.

Die Tür- und Fenstersturze sind als scheitrechte Bögen konstruiert. Die Dächer haben einen hölzernen, zimmermannsmäßigen Dachstuhl, und sie sind mit Schiefer gedeckt, ursprünglich wohl in einem Fischschuppenmuster.

14. Der Erhaltungszustand und die Restaurierungen

Einige Teile des Schloßbaus sind zerstört worden. Im Jahre 1787 wurde der Ostflügel samt Eingangsportikus im Auftrage des damaligen Besitzers, des Fürsten von Condé, abgerissen; nur wenige Bruchstücke des Portikus sind erhalten geblieben. Der heute bestehende Ostflügel, ein architektonisch unbedeutendes Werk, wurde im Jahre 1807 erbaut. Die beiden gerundeten Windfänge in den Ecken zwischen dem Ostflügel und dem Süd- bzw. Nordflügel sind erst nach 1841 hinzugefügt worden. Hoffentlich werden diese störenden Machwerke wieder entfernt!

Die beiden Zugbrückenportale der Grabenbefestigung sind bis auf die im Graben stehenden Grundmauern abgebrochen; die heutigen Brücken sind modern. Völlig verschwunden ist auch der Federballspielplatz mit seinen beiden

[72] Vgl. die Beschreibung des Schlosses in den Sitzungsberichten der Academie Royale d'Architecture. LEMONNIER (Herausgeber), Procès Verbaux ... Tome I, Paris 1911, S. 195—198.

Pavillons — sie wurden 1793 demoliert, das Baumaterial wurde verkauft. Verloren ist auch das ursprüngliche Pflaster des Hofes, es war, nach der Beschreibung Ducerceaus, so reich „wie kaum ein zweites zu finden gewesen sei". Das heute bestehende Pflaster mit dem Kreuz der Ehrenlegion in der Mitte stammt aus dem Jahre 1807. Aus dem 19. Jahrhundert stammen vielleicht auch die Turmhelme und Rundzimmer auf den beiden Türmen der Ostseite — Holzkonstruktionen, außen verputzt.

Sonst ist der Außenbau des Schlosses gut erhalten. Beschädigungen weisen einige Lukarnen auf, hauptsächlich an den Wappentafeln; an der Außenfront des Westflügels sind diese erneuert worden. Auch sonst sind die Lukarnen zum Teil restauriert worden; im nördlichen Ostgraben finden sich originale Bruchstücke von den Lukarnen der Hoffront des Westflügels.

Stark gelitten hat das Schloß dagegen im Innern. Sämtliche mobilen Einrichtungsgegenstände und der größte Teil der wertvollen Glasfenster, Holztäfelungen und Fußbodenbeläge wurden entfernt, und zudem wurden, im Zuge der Umwandlung des Schlosses in eine Schule der Ehrenlegion seit 1807, in viele Säle Zwischendecken eingezogen und Wohn-, Unterrichts- und Wirtschaftsräume eingerichtet. Dadurch sind Malereien an den Wänden und an den Kaminen vernichtet oder beschädigt worden.

Der große Festsaal im Hauptgeschoß des Nordflügels wurde in den Jahren 1850/51 von A. Lejeune restauriert und vervollständigt. — Wieweit bei den Umbauten auch ursprünglicher Baubestand angegriffen wurde, das wird erst zu übersehen sein, wenn ein Bericht über die in den nächsten Jahren durchzuführende Instandsetzung vorliegen wird. Mit der Leitung dieser wichtigen Restaurierung war der Chefarchitekt der „Monuments Historiques", Sylvain Stym-Popper, betraut. — Es erreicht uns bei der Drucklegung dieses Buches die Nachricht, daß Herr Stym-Popper im August 1969 einem Verkehrsunfall zum Opfer gefallen ist.

V. Die Architektur des Ursprungsbaus

Die architektonische Gestalt der Vierflügelanlage des Schlosses von Écouen ist gegeben im Formzusammenhang von Baukörpern und Fronten. Die Baukörper werden von den Dächern als stereometrische Körper in den Grundformen von Prismen und von Zylindern mit Kegeln hervorgebracht und voneinander unterschieden. Die Fronten einigen; sie stellen die Baukörper in übergreifende Flächenbindung und beziehen sie auf das ganze Bauwerk.

An den Außenfronten treten die Pavillons aus der Flucht der Flügel heraus, auf der Hofseite sind sie mit den Flügeln in der Art zusammengesetzt, daß die Kante des Pavillons mit der Ecke der Hoffronten im Lot übereingestimmt ist. Zusammen mit ihren Walmdächern bilden die Pavillons prismatische Körper, die als integrale Gebilde gleichsam zwischen den Baukörpern der Flügel stecken. Die Satteldächer der Flügel laufen in die Pavillons und deren Dächer hinein, die Flügel sind also als stereometrische Körper nicht integral ausgebildet, sie stehen in Abhängigkeit von den Pavillons und bilden zusammen mit ihnen einen kristallhaften Verband. In diesen Verband eingefügt sind auch die Türme der Außenfronten; ihre stereometrische Grundform als Zylinder wird erst von den Kegeldächern hervorgebracht.

Die Fronten haben demnach zwei Funktionen: zusammen mit den Dächern sind sie Wände als Begrenzungsflächen von stereometrischen Baukörpern; als in der Fläche (zusammen mit den Lukarnen) eigengeformte Gebilde sind sie vom einzelnen Baukörper befreit und — ihn übergreifend — ein zusammenfassender Bestandteil der Baukörper im Bauwerk.

Es sei die Hoffront des Westflügels beschrieben (Abb. 13). Diese Front ist in ihrem ursprünglichen Baubestand im wesentlichen erhalten; der kleine dorische Portikus ist ein späterer Anbau. Wahrscheinlich befand sich an seiner Stelle ursprünglich eine schlichte, von einem Korbhenkelbogen überspannte Türöffnung — ähnlich wie an der Außenfront des Westflügels.

Die Hoffront ist zweigeschossig, durchbrochen von hohen Rechteckfenstern, die mit den am Dachansatz stehenden Lukarnen in sieben Fensterachsen zusammengefaßt sind. Lisenen teilen die Wand in Abschnitte, zusammen mit den Gurt- und Kranzgesimsen ergeben sich Felder. In jedem Wandfeld ist neben den Fenstern des Erdgeschosses eine kleine rechteckige Türöffnung eingeschnitten.

Die baukünstlerische Gestalt dieser Front ist gegeben im Zusammenhang der Fenster mit der Wand (Fensterordnung) einerseits, im Zusammenhang der Lisenen und Gesimse mit der Wand (Reliefgitter) andrerseits.

Die Fenster sind primär Öffnung (nicht selbständige Rahmung), sie sind in die Wand eingeschnitten, setzen die Wand also für ihren Bestand voraus. Die Fenster stehen miteinander im Zusammenhang der Fensterordnung[73]: Das einzelne Fenster ist das unselbständige Element der Fensterordnung, die Fensterachse ist deren elementarer Zusammenhang. In der Fensterachse ist das einzelne Fenster durch Superposition in eine vertikale, von der Geschoßteilung unabhängige Einheit gestellt, in welcher nur seine Höhe (nicht seine Breite) variabel ist. Die einzelnen Fenster bilden also in den Geschossen unmittelbar keine neuen Einheiten miteinander, die Zuordnung aller Fenster in der Front erfolgt in den unselbständigen Einheiten der Fensterachsen, wobei die Bedingungen von Reihung und Gruppierung gelten; die Abstände der Fensterachsen sind also variabel.

Die Lisenen und Gesimse sind unselbständige Elemente; die einen bilden einen vertikalen, die anderen einen horizontalen substanzialen Linearzusammenhang. Die Gesimse sind mit den Lisenen verkröpft, beide stehen im Zusammenhang eines (Relief-)Gitters. Sie bilden mit den Wandfeldern keine Kompositionseinheiten, also auch keine „Traveen" im Sinne der Säulenordnungswand. (Es entsteht daher auch kein Zusammenhang, der mit „Tragen und Lasten" zu bezeichnen wäre.)

Die Lisenen und die Gesimse sind voneinander unabhängig, sie reagieren nicht aufeinander. (Fielen etwa die Gesimse weg, so würde sich am integralen Bestand und an der Funktion der Lisenen nicht das mindeste ändern.) — Die Abstände der Lisenen sind variabel, im Prinzip auch die Höhen der Gesimse.

Weder die einzelnen Fenster noch die Fensterachsen sind durch Symmetrie oder Proportion auf die aus der Gitterstruktur der Lisenen und Gesimse resultierenden Wandfelder bezogen, sie bilden mit ihnen keine Kompositionseinheiten.

Die am Dachansatz frei stehenden Lukarnen sind selbständige Kleinarchitekturen; durch die Fensterordnung sind sie in den Zusammenhang der Wand gestellt.

Die Fenster, Lisenen und Gesimse sind unselbständige Elemente. Elemente: Bauformen, die nicht in kleinere Einheiten zerlegbar sind. Unselbständig: sie setzen für ihren Bestand die Wand — als in der Fläche ausgedehnte Substanz — voraus.

Dabei ist die Wand nicht nur der Ort, an dem die Elemente erscheinen, sondern die Elemente werden mit der Substanz der Wand selbst hervorgebracht: sie

[73] Der Begriff der Fensterordnung ist von Erich HUBALA eingeführt worden.

sind mit ihr konsubstanzial. — Mit Konsubstanzialität[74] ist ein spezifischer Form zusammenhang bezeichnet. Die anspruchsvolle Bezeichnung wäre entbehrlich, wollte man nur den Zusammenhang eines Fensters mit der Wand beschreiben; es würde genügen zu sagen: die Fensteröffnung ist in die Wand eingeschnitten — womit freilich noch nicht der besondere Zuschnitt des Fensterkreuzes erklärt wäre.

Auf dies sei hingewiesen: Die Gurt- und Kranzgesimse entsprechen in ihrem Grundaufbau dem Schema des antiken Gebälks, also der Dreiteilung in Architrav, Fries und Kranzgesims. Im Zusammenhang der Front sind die Gurt- und Kranzgesimse Formeinheiten, sie können als „Elemente" bezeichnet werden. Am einzelnen Gesims lassen sich aber wiederum zwei Elemente unterscheiden: das architravierte Profilband und die Kranzleiste. Für ich gesehen sind diese beiden Profile mit der Wand nicht konsubstanzial, es genügte zu sagen: die Wand ist der Ort, an dem sie erscheinen. Sie bilden aber zusammen mit dem Fries eine Formeinheit. Der Fries ist kein Element, er ist an sich nichts weiter als Wand — Formwert bekommt er erst im Zusammenhang mit jenen Profilen. Und indem die Profile mit dem Fries eine unlösbare Formeinheit bilden, treten sie mit der Wand in den Formzusammenhang der Konsubstanzialität.

Konsubstanzial ist auch der Zusammenhang des Kranzgesimses mit dem Dach. Das eigentliche Kranzgebälk besteht aus der dreifach gestaffelten Kombination: Kehle—Faszie; die zuoberst liegende Leiste ist die Hängeplatte. Mit Ausnahme der Hängeplatte ist das Kranzgebälk mit den Lisenen verkröpft; die Hängeplatte liegt unverkröpft darüber, sie ist jedoch an den Lukarnen jeweils unterbrochen. Da der Linearzusammenhang der Hängeplatte unterbrochen ist, besteht diese nicht mehr als ein integrales Gebilde, sie kann (da diese Teile nicht einmal mit den Lisenen ausbalanziert sind) nur als ein Teil des Daches aufgefaßt werden, das an jenen Stellen mit der Wand zusammentrifft. Ist die Hängeplatte Bestandteil des Daches einerseits, so steht sie doch auch unlösbar im Formverband des Kranzgebälks, dessen übrigen Profile mit den Lisenen verkröpft, also Bestandteil der Wand sind. — Das Dach ist nicht einfach auf die Wand (oder den Baukörper) aufgesetzt, sondern es ist im Formzusammenhang der Konsubstanzialität mit dem Kranzgesims (und damit auch mit der Wand) „fest" verbunden.

Die Wand wird als Front — d. h. als unselbständige aber vom Baukörper befreite Wand — wesentlich erst von den Lukarnen hervorgebracht. Die Lukar-

---

[74] Nach Wilhelm MESSERER, Romanische Plastik in Frankreich. Köln 1964, S. 81 ist der Begriff der Konsubstanzialität von Henri FOCILLON in die Kunstgeschichte eingeführt worden. — Ich selbst habe in FOCILLONS Hauptwerken zur mittelalterlichen Kunst (L'art des sculpteurs romans; L'art d'Occident) diesen Begriff nicht verwendet gefunden. Eingeführt hat ihn wohl Martin GOSEBRUCH in seiner ungedruckten Münchner Dissertation: Über die Bildmacht der burgundischen Skulptur des frühen XII. Jahrhunderts; 1950, S. 7. In meiner Arbeit möchte jener Begriff aus den beigegebenen Erläuterungen verstanden werden.

nen sind selbständige Kleinarchitekturen, die frei am Dachansatz stehen, ohne aber Bestandteil des Daches zu sein. Durch die Fensterordnung sind sie in den Zusammenhang der Wand gestellt, sie sind ein selbständiger Bestandteil der Wand. Dieser Zusammenhang wird nicht nur durch die Fensterordnung hergestellt sondern vor allem auch dadurch, daß die Hängeplatte des Kranzgesimses an den Lukarnen unterbrochen ist: Die Lukarnen stehen unmittelbar auf der Wand, sie sind nicht nur in der Fensterordnung auf sie bezogen. — Dadurch kommt es auch zu jener eigentümlichen Verschränkung von Dach und Front im Formverband des Kranzgesimses.

Von den sieben Fensterachsen der Hoffront ist eine genau in der Mitte der Front angeordnet; die übrigen (und ebenso die kleinen rechteckigen Türöffnungen im Erdgeschoß) sind symmetrisch auf diese Achse bezogen. Dabei sind die Fensterachsen zentripetal zur Mitte h i n geordnet, während die Türen zentrifugal von der Mitte w e g geordnet sind. Das geschieht im Zusammenhang mit den Lisenen. Nur die Fensterachse in der Mitte ist symmetrisch auf die beiden Lisenen des mittleren Wandabschnittes bezogen, die übrigen Fensterachsen sind innerhalb ihres Wandabschnitts jeweils nach rechts oder links zur Mitte hin verschoben; umgekehrt sind die Türöffnungen in ihren Wandabschnitten jeweils nach links oder rechts von der Mitte weg verschoben.

Die drei Fensterachsen in der Mitte der Front rücken enger zusammen, sie bilden, ohne sich auszusondern, eine Gruppe. Je eine Gruppe bilden auch die drei Türen zu beiden Seiten der Frontmitte. — Die Fensterachsen und die Türen kommunizieren also nur jeweils untereinander, nicht miteinander.

Sowenig wie die Lisenen, Gesimse und Fenster in der Front im einzelnen zu Kompositionseinheiten zusammentreten, sowenig ist auch die Front insgesamt eine selbständige architektonische Einheit. An den Seiten ist sie nicht eigentlich begrenzt — in den Ecken sind keine Lisenen; sie knickt dort einfach um und ist in der Hoffront des Süd- und des Nordflügels fortgesetzt. Insofern ist die Front vom einzelnen Baukörper (Flügel) unabhängig, sie repräsentiert ihn nicht, sie ist gleichsam nur Ausschnitt aus einer größeren, potentiell unbegrenzten Front.

Auch zum Dach hin ist die Front nicht geschlossen. Die Lukarnen sind ja Bestandteil der Wand im Bereich des Daches. Dadurch kommt es zu jener Verschränkung von Front und Dach, die Front ist ohne das Dach künstlerisch nicht existent. Das Dach aber ist Bestandteil eines dreidimensionalen, stereometrischen Baukörpers, ja es bringt diesen zusammen mit den Wänden erst hervor; die Front ist also architektonisch ein unlösbarer Bestandteil eines stereometrischen Baukörpers.

Anderseits ist die Front vom Baukörper befreit (was wiederum von den Lukarnen bewirkt wird), und sie steht mit den anderen Fronten in einem unmittelbaren substanzialen Zusammenhang, der vom einzelnen Baukörper unabhängig ist.

Baukörper und Front bedingen sich also in ihrem architektonischen Bestand gegenseitig, ohne jedoch ineinander aufzugehen, d. h. ohne eine selbständige, in sich geschlossene Einheit zu bilden; Baukörper und Front sind teil-identisch, sie stehen im Zusammenhang der Konsubstanzialität.

An der Hofseite treten die Fronten verhältnismäßig stärker als vom Baukörper befreite Wände in Erscheinung als an der Außenseite des Schloßbaus. Es ist schon gesagt worden, daß die Flügel als stereometrische Baukörper nicht integral ausgebildet sind, da ihre Dächer „in die Pavillons laufen", so daß die Flügel als Baukörper in Abhängigkeit von den Pavillons stehen. Die Hoffronten der Flügel haben jedoch nichts mit den Pavillons gemein, sie sind von diesen unabhängig und verbinden sich kontinuierlich miteinander.

Die den Hof umstehenden Fronten bilden also einen Zusammenhang für sich, die Flügel — als von den Dächern hervorgebrachte Baukörper — sind in ihrem Bestand von den Pavillons abhängig. (Die Pavillons erscheinen an der Hofseite nur mit ihren Dächern und einer Mauerkante, die senkrecht mit der Ecke der Hoffronten übereingestimmt ist.)

Die Außenfronten der Flügel stehen jedoch in einem konsubstanzialen Zusammenhang mit den Fronten der Pavillons. Für das Verhältnis von Baukörper und Front gelten dort andere Bedingungen als an der Hofseite; der Gesamtzusammenhang ist stärker von den Fronten in der Funktion von Wänden als Begrenzungsflächen von stereometrischen Baukörpern bestimmt.

Es sei die westliche Außenfront des Schloßbaus untersucht (Abb. 6, 14). (Diese Front ist in ihrem ursprünglichen Bestand erhalten; verändert ist nur der Eingang in der Mitte, das Portal war dort von einem Korbhenkelbogen überspannt.)

Die beiden Pavillons sind mit ihren Breitseiten in die Front einbezogen. Die Pavillons sind dreigeschossig und mit je einem Walmdach gedeckt, sie treten aus der Baulinie des Flügels heraus. In die Ecke zwischen den Pavillons und dem Flügel sind die mit Kegeldächern gedeckten Erkertürmchen gesetzt. Der Flügel hat in der Mitte der Front ein Erkerchen; am Dachansatz stehen, ebenso wie bei den Pavillons, Lukarnen und Schornsteine.

Für die Anordnung der Fenster und Lukarnen und der Lisenen und Gesimse gelten im Sinne der Fensterordnung und der Gitterstruktur im wesentlichen die selben Bedingungen wie an den Hoffronten.

Die Pavillons und auch die Erkertürmchen werden von den Dächern als integrale stereometrische Baukörper hervorgebracht, der Flügel ist, wie schon gesagt, als Baukörper von den Pavillons abhängig. — Die Pavillons haben Ecklisenen, ihre Fronten sind also im Unterschied zu den Fronten der Flügel an den Ecken begrenzt. Das bedeutet hier freilich nicht die Verselbständigung der Fronten im Sinne von Fassaden, sondern — im Gegenteil — die Reduktion dieser Fronten auf Wände von stereometrischen Baukörpern; Wände und Dach der Pavillons bilden eine Baueinheit in From eines integralen und selbständigen Baukörpers, und als solche sind die Pavillons im Verband der Vierflügelanlage unterschieden und ausgesondert. Im Flächenzusammenhang der Fronten sind die Pavillons und die Flügel jedoch zu einer konsubstanzialen unselbständigen Einheit „verschweißt".

Für den Zusammenhang der Außenfront des Westflügels mit dem Baukörper gelten die selben Bedingungen wie an der Hoffront, also konsubstanziale Abhängigkeit aber auch Befreiung vom Baukörper. — Auch die Wände der Pavillons sind „Fronten" — sie haben eine vom Baukörper unabhängige Binnenstruktur —, sie sind jedoch weit weniger selbständig und vom Baukörper unabhängig.

Entscheidendes Motiv in der Wand sind die Ecklisenen. Diese Lisenen sind in ihrer Position vom Dach abhängig, sie sind also schon Bestandteil eines stereometrischen Körpers, nicht bloß Bestandteil eines Flächenzusammenhangs in der Wand. (Insofern, als das Moment der potentiellen Variabilität des Abstandes wegfällt, gehören die Ecklisenen nicht mehr allein in die Gitterstruktur der Lisenen und Gesimse.)

Die Fronten der Flügel und die Fronten der Pavillons sind also in ihrem Aufbau und in ihrer Funktion unterschieden; um ihren Zusammenhang zu beschreiben, genügt es nicht zu sagen: die Front des Flügels ist in der Front des Pavillons fortgesetzt (wie das für den Zusammenhang der Fronten an der Hofseite zutrifft).

Zunächst: Die Gesimse laufen ununterbrochen aus der nicht begrenzten Front des Flügels über die Erkertürmchen in die Fronten der Pavillons; das Kranzgesims des Flügels ist, vermindert um die Hängeplatte, an den Pavillons Gurtgesims. Die Gesimse der Front des Flügels greifen also auf die Wände der Pavillons über — nicht umgekehrt, denn die Pavillons als integrale und selbständige Baukörper mit Wänden, die von Ecklisenen begrenzt sind, können keine ihnen eigenen Teile „aussenden". Horizontale Gesimse, die a priori zu den Pavillons gehörten, müßten demnach um den Baukörper herum in sich selbst zurücklaufen. Das ist der Fall bei den Kranzgesimsen der Pavillons, und es ist bezeichnend, daß diese nicht auf die Rundtürme übergreifen.

Das „Übergreifen" der Gesimse hängt wesentlich mit der Gitterstruktur der Lisenen und Gesimse zusammen, also damit, daß diese Elemente für sich substanziale Linearzusammenhänge bilden, aber miteinander nicht zu Kompositionseinheiten zusammentreten. Daher ist die Front des Flügels an den Seiten auch nicht von Lisenen begrenzt, das nächste Element im Gitterzusammenhang sind dort die Ecklisenen der Pavillons, die als solche, als Bestandteil eines „Gitters", mit den übrigen Lisenen in einem reinen Flächenzusammenhang stehen, der vom Baukörper unabhängig ist. Daß diese Ecklisenen andrerseits Bestandteil eines integralen Baukörpers sind, ist schon gezeigt worden.

Die Gurtgesimse jedoch sind vom einzelnen Baukörper gänzlich unabhängig, sie laufen ununterbrochen über dessen Wände und Fronten und sind, wie gezeigt, mit der Wand konsubstanzial. Dadurch sind die einzelnen Wände und Fronten im Sinne eines vom Baukörper unabhängigen Kontinuums außerordentlich fest verbunden, ohne jedoch eine homogene oder in sich geschlossene Front zu bilden. Denn die einzelnen Wände und Fronten stehen ja jeweils in einem eigenen und unterschiedenen Zusammenhang mit den Baukörpern. Insofern also sind die Wände und Fronten von Pavillons, Rundtürmen und Flügeln konsubstanzial; konsubstanzial ist auch der Zusammenhang der Wände und Fronten mit den Baukörpern.

Welch ein Unterschied zur italienischen Renaissance-Architektur, von der Heinrich Wölfflin sagt, sie sei: Gelenkkunst!

Bemerkung

Mit konsubstanzial ist ein Zusammenhang von Bauformen bezeichnet, der dann entsteht, wenn zwischen nichtidentischen Formen Teilidentität hergestellt wird. — Drei einfache Beispiele:

a) Die „Pilaster“ am nördlichen und am südlichen Querhaus der Kathedrale von Chartres (Abb. 42). — Zwischen den einzelnen Portalen gibt es dort Wandpfeiler, die aus je einer Säule an den Ecken und einem Pilaster in der Mitte bestehen. Die Säulen rahmt ein profilierter, an der Ecke umknickender Rahmen, ein gleichartiger Leistenrahmen faßt auch den Pilaster ein. Von dem Pilaster sind nur die Basis und das Kapitell als selbständige Elemente ausgebildet, nicht aber der Pilasterschaft — dieser ist an sich nichts weiter als Mauerwerk. Formwert als Schaft im integralen Zusammenhang „Pilaster“ bekommt dieses Mauerwerk erst durch den aufgelegten Rahmen.

b) Das Gurtgesims am Außenbau der Schloßkapelle von Anet (Abb. 43). — Das Gebälk, das um die Kapelle herumgeführt und in die großen Rundbogenfenster einbezogen ist, hat die Grundform eines korinthischen Gebälks und baut sich aus Architrav, Fries und Kranzgesims auf. In diesem Gebälk sind aber der Fries und die untere Faszie des Architravs nicht als selbständige Glieder ausgebildet: sie sind an sich nichts weiter als Wand; Formwert als Fries und Faszie erhalten diese Teile erst im Gesamtzusammenhang des Gebälks. (Daß der Architrav überhaupt aus drei Faszien besteht, wird erst am Fenster recht deutlich.) Das Gebälk baut sich also aus profilierten selbständigen Gliedern auf und aus solchen Gliedern, die mit der Wand identisch sind. Der integrale Formzusammenhang „Gebälk“ vereinigt alle diese Teile: Gebälk und Wand sind konsubstanzial.

c) Die Fenster im Hauptgeschoß des Schlosses von Vaux-le-Vicomte (Abb. 44). — Diese Fenster sind gerahmt von einem Flachband, das oben fugenlos in den Architrav des dorischen Gebälks übergeht: dergestalt daß der Architrav zugleich als Fenstersturz ein nicht ablösbarer Teil der Fensterrahmung ist.

Konsubstanzialität erzeugt architektonische Gefüge — Gefüge sind zu unterscheiden von Kompositionen. Architektonische Kompositionen entstehen, wenn die Elemente oder die Einheiten des Bauens in Beziehung zueinander gesetzt sind, ohne dabei sich selbst zu verändern. Durchdringen sich die Elemente oder Einheiten (indem sie gegenseitig verändern oder erst hervorbringen), so entstehen Gefüge. Komponierte Architekturen bauen sich aus selbständigen, integralen Elementen oder Einheiten auf, und es entsteht wiederum eine in sich geschlossene Baueinheit; das Gestaltungsmittel und -ziel sind Symmetrie, Proportion, Harmonie. Gefügte Architekturen kennen keine selbständigen Einheiten, nirgends ein Zusammenhang, der in sich ruht; ihre Gestaltungsmittel sind Konsubstanzialität, Konformismus, Verschränkung — ihr Gestaltungsziel: Übergang. Kompositionen lassen sich in ihre Grundbestandteile zerlegen, Gefüge nicht, — man schlüge sie in Trümmer.

Der Schloßbau von Écouen ist dadurch ausgezeichnet, daß es an ihm keine in sich geschlossenen Zusammenhänge von Bauformen gibt — also auch keine Fassaden —, daß aber alle Einzelteile konsubstanzial in übergreifenden aber wiederum unselbständigen Einheiten zusammengefügt sind. So können die meisten Fronten des Schloßbaus in sich unsymmetrisch ausgebildet sein — die übergeordnete Einheit, der Baukörper, dessen Bestandteil sie sind, ist symmetrisch.

Der Zusammenhang der Fronten und Baukörper findet seine letzte Einheit erst im Ganzen der Vierflügelanlage, dieses Ganze ist aber als in sich geschlossene Einheit nicht mehr anschaubar.

Was bedeutet das für das Anschauliche des Bauwerks? Es bedeutet, daß sich das „Auge" nirgends ausruhen kann, da es vom Einzelnen sogleich auf den Gesamtzusammenhang der Formen im Bauwerk gelenkt und — da dieser Zusammenhang nicht in sich ruht — immer wieder auch auf das Einzelne zurückgeführt wird.

Die anschauliche Qualität des Nicht-Ruhenden ist freilich aufgehoben in den anschaulichen Qualitäten von Festigkeit und Klarheit. Festigkeit und Klarheit sind gegeben in der stereometrischen Grundform der Baukörper. Damit ist verbunden die Qualität des Unplastischen. Stereometrische (Bau-)Körper sind unplastisch par excellence. Auch aus den Begrenzungsflächen dieser Baukörper, den Wänden und Dächern, sind plastische Werte fast gänzlich eliminiert. Den glatten Schieferdächern in ihrem matt-metallischen Glanz, den geglätteten hellen Kalksteinwänden mit den hohen lichtreflektierenden und lichtschluckenden Glasfenstern eignet in hohem Maße die Qualität des Unplastischen. Die Horizontalgesimse, zu linienhaften Bändern reduziert, durchsetzen Wand und Baukörper plastisch nicht, sie mildern aber die Schärfe der Übergänge (Kranzgesims), so daß Starrheit vermieden bleibt[75].

Nur die Lukarnen — Gebilde in jener schwebenden Zwischenstellung von Wand und Dach, Baukörper und Front — sind plastisch gegebene Kleinarchitekturen. (Nebenbei: Das Hervortreten der Pavillons aus der Baulinie der Flügel bedeutet hier natürlich nicht Risalitbildung. Risalitbildung *ist* schon plastische Durchbildung von Fassaden, auch bei relativ unplastischer Einzelform; vgl. etwa: Cancelleria in Rom.)

Das Stereometrische und Flächige, das — im Sinne des Unplastischen — nicht Greifbare der Architektur des Schloßbaus von Écouen bewirken zusammen mit dem Moment des Nicht-Ruhenden eine eigentümliche „Ferne" dieses Bauwerkes. Nicht nur daß die die Fronten und Baukörper — sie sind unschwer und masselos — nicht bedrängen, — sie scheinen entrückt zu sein und einem der gewohnten Erfahrungswelt inkommensurablen Bereich anzugehören.

Dies ist ein subtiler Zug der französischen Schloßbaukunst überhaupt — sehr

---

[75] Vgl. Kurt Badt, Raumphantasien und Raumillusionen / Wesen der Plastik. Köln 1963, S. 141. „Regelmäßig stereometrische Körper sind das absolute Gegenteil des Lebendigen, das heißt jener Gebilde, die aus eigenen Kräften ihre Gestalt auszuprägen und zu wandeln vermögen. Sie sind ferner dermaßen abstrakt, daß sie auch tatsächlich nur annähernd hergestellt werden können, und sie sind ganz und gar unplastisch in ihrer Starrheit. Die innere Bewegtheit des Plastischen fehlt ihnen. Die Körper sind körperlich, aber gerade nicht plastisch." — Ernst Buschor soll gesagt haben: ein Apfel ist plastischer als eine Kugel.

im Unterschied zur italienischen Architektur, von der Heinrich Wölfflin[76] gesagt hat: „Auch in den monumentalsten Äußerungen ihrer Architektur bleibt die italienische Vorstellung an menschliches Dasein gebunden. Es ist ein höchst gesteigertes Dasein, über alle irdischen Maße hinaus, aber es ist doch konzipiert im Sinne menschlicher Existenz. Gerade darin liegt die gewaltige Wirkung des italienischen Monumentalbaus. Man bekommt einen Eindruck des Großmenschlichen, eine Ahnung von menschlicher Würde, wie nirgends in der Welt."

*

Die Innenarchitektur des Schloßbaus, man versteht sie nicht von der einzelnen Galerie oder dem einzelnen Saal her, und zwischen ihnen gibt es auch keine hierarchische Zuordnung. Die Galerien und Säle sind Festsäle, Staatsräume — aber ihre Gestaltung als individualisierte, in sich geschlossene Innenräume besteht hier als Bauaufgabe ebensowenig wie die Gestaltung von Fassaden. (Was diese Räume voneinander unterschied, das waren der Schmuck der Glasfenster, die Bildfolge der Wandteppiche, das Muster des Fußbodens.)

Diese Galerien und Säle sind prinzipiell gleichartig aufgebaut: sie haben glatte, vollkommen ungegliederte, nur von hohen und seichten Fensternischen unterbrochene Wände und Holzbalkendecken; die Balkendecken, uralte Bauform, haben noch keine architektonische Gestalt gefunden. Da diese Räume stets geschoßhoch sind und jeweils die ganze Breite des Flügels einnehmen, so besteht in den Abmessungen Variabilität nur in der Länge (Abb. 11, 12).

Die sich gegenüberliegenden Längswände dieser Säle und Galerien entsprechen einander in der Abfolge von Wandteilen und Fenstern symmetrisch nicht, so daß Symmetrie als raumerzeugendes Gestaltungsmoment nur in der abstrakten Kastenform dieser Räume besteht. Dabei sind die Fensterwände das eigentliche Motiv dieser Innenarchitektur. Die „Wand" ist nicht als Kontinuum gegeben, sondern sie besteht — da die Fensternischen vom Fußboden bis unter die Decke einschneiden, und die Fensterbrüstungen nur geringe Höhe haben — gleichsam nur in mächtigen Tafeln, zwischen die die Fenster gesetzt sind. Durch diese Fenster, die ursprünglich zum Teil eine farbige aber helle Verglasung hatten, bricht mit großer Kraft das Tageslicht in den Raum — ohne freilich noch als Tageslicht in Erscheinung zu treten. Denn obwohl diese Räume hell erleuchtet sind, so sind sie doch nicht gleichmäßig ausgeleuchtet; sie sind von einem feierlich-freudigen Helldunkel erfüllt.

Darunter ist nicht nur der Wechsel von hellen Fenstern und dunkleren Wandflächen zu verstehen. Dadurch, daß sich das durch die Fenster einfallende Licht auf dem Fußboden und an der Decke in hellen Bahnen abzeichnet, und sich dazwischen dunklere Schattenzonen abzeichnen, entsteht der Eindruck, als sei

[76] Heinrich WÖLFFLIN, Italien und das deutsche Formgefühl. — Zitiert nach dem Sammelband „Gedanken zur Kunstgeschichte", Basel 1957, S. 124.

der Raum vom Helldunkel als einem räumlichen Medium erfüllt. Damit dieser Eindruck entstehen kann, ist es bedeutsam, daß die Wände keine plastischen Gliederungen enthalten. Das Licht würde sonst als Reflexlicht erscheinen, das Helldunkel als Licht und Schatten in der Wand selbst gebunden sein. Der Eigenwert der Wände und ihre Zuordnung zueinander würden dann an Bedeutung gewinnen, das Helldunkel als Medium des Raumes demgegenüber zurücktreten.

Da die Wandteile aber vollkommen glatt sind, erscheinen sie als homogendunkle Flächen, als solche haben sie Formwert in Relation zu den hellen Fensterflächen. Die Dunkelzonen, die sich den Wandteilen entsprechend auf dem Fußboden abzeichnen, haben keinen eigenen Formwert, sie durchsetzen aber die ganze Höhe des Raumes und lösen sich zur Mitte hin in Durchlichtung auf. Raumzonen des Hellen und des Dunklen wechseln sich in kräftigen und feinen Übergängen ab, einander verschränkend. Das wird im Durchschreiten dieser Räume erfahren — und regt zum Durchschreiten an. Der Charakter des Feierlichen, der solchen Räumen eigen ist, wird nicht primär vom Gebauten, von den Formen der Architektur, hervorgebracht sondern vom Helldunkel in der unmittelbaren Abfolge des Hellen und des Dunklen, wobei bei der enormen Durchlichtung der Säle das Dunkle kein düsteres sondern ebenfalls ein helles Dunkel ist.

Die Holzbalkendecken der Säle und Galerien des Schlosses waren (mit einer Ausnahme) nicht bemalt, sie hatten die matte Oberfläche und dunkelbraune Färbung des Naturholzes. Dagegen waren die Fußböden der wichtigsten Galerien und Säle mit Fayence-Fliesen ausgelegt. Diese Fliesen sind glatt und hell, vor allem in den Farben Blau, Grün, Gelb und Weiß gehalten. Das Licht, das von diesen Fliesen zurückgestrahlt wird, steigert sich bis zu gleißender Helle. Die Decke und der Fußboden unterscheiden sich also in ihrem Lichtwert; die Decke bleibt stärker im Dunkel, auf dem Fußboden bilden sich Zonen kräftigster farbiger Helligkeit.

Das Helldunkel ist das Medium des Raumes, das will heißen: die raumbegrenzenden Wände, die Formen der Architektur überhaupt, kommunizieren hier für sich räumlich noch nicht (Asymmetrie!); verbindendes Moment im Raum ist erst das Helldunkel, das — an Körper und Fläche nicht gebunden — im Hell-Dunkel-Kontrast der verschränkten und sich verschmelzenden Raumzonen des Hellen und des Dunklen einen dichten Raumzusammenhang hervorbringt, an dem die isolierten Teile des Gebauten teilhaben können. Zum Raum als Architektur, das heißt hier: zu einem feierlichen, würdigen Ort werden die Galerien und Säle des Schlosses erst durch das Licht[77].

Philibert Delormes A r c h i t e c t u r e enthält bemerkenswerte Hinweise auf die Bedeutung des Lichtes in der französischen Schloßbaukunst. Delorme

[77] Vgl. dazu die Kritik des kunsthistorischen Raumbegriffs bei Kurt Badt, Raumphantasien und Raumillusionen / Wesen der Plastik. Köln 1963.

macht Vorschläge, wie die Fenster möglichst groß und möglichst lichtdurchlässig gestaltet werden können, und er verlangt, in einem Saal oder in einer Galerie die Fenster der sich gegenüberliegenden Längswände gegeneinander zu versetzen; stehen die Fenster einander genau gegenüber, so gibt es an den Wandteilen dazwischen zuviel Dunkelheit: laquelle rend ordinairement les lieux melancholiques[78].

[78] Philibert DELORME, Le premier tome de l'Architecture. Paris 1568. Vgl. besonders Fol. 322. — Für beispielhaft hält Delorme die Anordnung der Fenster in seinen Schlössern von Saint-Maur, Anet und Saint-Léger.

VI. Der architekturhistorische Ort des Ursprungsbaus

Welches sind die unmittelbaren baukünstlerischen Voraussetzungen für den Schloßbau von Écouen? — Nach François Gebelin[79] kann dieser Schloßbau im wesentlichen von drei Vorbildern abgeleitet werden:

a) die Gesamtdisposition vom Schloßbau von Bury (und von „Poggio-Reale“),
b) die Gliederung der Fronten vom Schloß von Nantouillet,
c) die Lukarnen von Vorbildern der „Loire-Schlösser“.

Das (heute zerstörte) Schloß von Bury wurde zwischen 1514 und 1525 erbaut[80]; — eine rechtwinklige Vierflügelanlage, an deren vier Ecken außen je ein mächtiger Rundturm angefügt war. Am Schloßbau von Écouen seien — nach Gebelin — diese Rundtürme durch rechteckige Pavillons ersetzt worden. (Ein wichtiger Unterschied: in Écouen stecken die Pavillons zwischen den Flügeln, in Bury sind die Rundtürme, fast frei stehend, an die Ecken nur angehängt.)

Es muß nicht notwendig angenommen werden, daß die Vierflügelanlage des Schlosses von Bury die unmittelbar genetische Voraussetzung für den Schloßbau von Écouen gewesen ist. Bury ist schon der Abkömmling eines Schloßtyps, der sich am Ende des 15. Jahrhunderts ausgebildet hat.

Louis Hautecœur[81] sagt: „La forme générale du château reste, à la fin du XVe et au début du XVIe siècle, le quadrilatère, flanqué de tours, entouré de douves, précédé parfois d'une avantcour, également fortifiée et percée d'une poterne où mène un pont-levis. Tel est le type du Verger, en Anjou (dernières années du XVe siècle), ou de Bury (1514—1524). Chambord reproduit un autre plan médiéval, celui de Vincennes: un enceinte quadrangulaire cantonnée de tours; au centre d'une des courtines un énorme donjon.“ Und das wichtigste Bindeglied zwischen dem mittelalterlichen Festungsbau und den Schlössern vom Typ Le Verger und Bury war, worauf Gebelin hingewiesen hat, das Schloß Le Plessis-Bourré, vollendet gegen 1472[82].

Es kann also kein Zweifel bestehen, daß es sich bei diesen regelmäßigen rechteckigen Vierflügelanlagen mit Rundtürmen um eine autochthone französische

---

79 Gebelin, Les châteaux de la Renaissance, S. 88—89.
80 Gebelin, Les châteaux de la Renaissance, S. 65.
81 Hautecœur, Histoire de l'Architecture classique en France. Tome Ier, vol. I („La première Renaissance“), Paris 1963, S. 65, Abb. 49.
82 Gebelin, Les châteaux de France. Paris 1962, S. 71—72.

Entwicklung handelt, unabhängig von Einwirkungen der italienischen Renaissance-Architektur. Dieser Schloßtyp bildet sich letztlich aus dem Stamm jener rechteckigen Kastelle mit Rundtürmen, die in Frankreich zu Beginn des 12. Jahrhunderts (Carcassonne) und vor allem unter Philippe Auguste (Louvre, Dourdan) entstanden sind, und dessen Wurzeln über Byzanz bis in die Antike hinabzureichen scheinen[83]. (Im französischen Schloßbau bleibt die Zuordnung von Rundtürmen und Flügeln gleichberechtigt neben anderen Möglichkeiten bis zur Mitte des 16. Jahrhunderts bestehen — zuletzt noch am Schloß von Valençay.)

Wann aber entstehen die Pavillons? — Im Festungsbau erscheint mit Vincennes (im Bau um 1373) die entschiedene Neuerung, daß die Wehrmauer mit rechteckigen Türmen besetzt wird. Aber im Schloßbau treten erst am Ende des 15. Jahrhunderts vereinzelt quadratische und rechteckige Treppentürme und Pavillons auf; so etwa in Blois das Treppenhaus am Flügel Ludwigs XII. (erbaut 1498—1503) oder das Treppenhaus am Schloß von Chernazé (wohl auch noch während der Regierungszeit Ludwigs XII. erbaut[84]), ohne daß es jedoch schon zu einer Systematisierung des Zusammenhangs von Pavillons und Flügeln kommt. Das ist auch noch nicht der Fall bei den gegen 1530 errichteten Pavillons der „Porte Dorée" und der „Enfants-de-France" in Fontainebleau.

Eine Sonderstellung nimmt das gegen 1528 begonnene Schloß Madrid ein — eine französisch-italienische Gemeinschaftsleistung[85]: Zwei viergeschossige Pavillons sind durch einen schmäleren Trakt verbunden und jeweils an den Ecken von vier schlanken quadratischen Türmen umstellt, welche mit offenen Arkadegängen verbunden sind, so daß die großen Pavillons ganz als von Loggien verhüllt erscheinen. Dieses Bauwerk ist ohne den Einfluß italienischer Bauideen nicht denkbar. es ist zum Teil als „Poggio-Reale-Variation" (Schreiber) zu verstehen[86].

Hier stellt sich eine Frage, die nur schwer zu beantworten ist, und von deren Antwort doch eine Koordinate des architekturhistorischen Ortes des Schlosses von Écouen, ja einer ganzen Gruppe französischer Schlösser abhängt, nämlich: Ist die Gesamtdisposition des Schloßbaus — Vierflügelanlage mit vorspringenden Eckpavillons — allein aus französischen Voraussetzungen ableitbar oder muß nicht vielmehr die Einwirkung eines italienischen Baugedankens (Poggio-Reale) angenommen werden?

Poggio-Reale, die anmutige Villa, die Giuliano da Majano 1487 bei Neapel erbaut hatte, bestand aus einem Peristyl, der um einen quadratischen Hof gelegt und außen an den vier Ecken mit Pavillons besetzt war. (Diese Anordnung geht

---

83 Gebelin, Les châteaux de France, S. 39 ff.
84 Gebelin, Les châteaux de la Renaissance, S. 55 und S. 80—81.
85 Gebelin, Les châteaux de la Renaissance, S. 145.
86 Fritz Schreiber, Die Poggio-Reale-Variationen des Sebastiano Serlio und die französische Renaissancearchitectur. Berlin o. J. (1936).

auf einen mittelalterlichen italienischen Kastelltyp zurück; Patzak[87] nennt als Beispiel das „Castello delle quattro torre“ bei Siena.) — Die Grundrisse von Poggio-Reale und von Écouen sind einander also ähnlich; die Frage ist, ob tatsächlich auch ein genetischer Zusammenhang bestanden hat. Fritz Schreiber hat das nicht ausdrücklich behauptet, François Gebelin[88] hält neuerdings aber den Einfluß von Poggio-Reale (über das Schloß Madrid) auf Écouen für gegeben.

Wenn sich am Schloß Madrid zum ersten Male in Frankreich ein Poggio-Reale-Gedanke ausgesprochen hat, so war dieser Baugedanke doch schon außerordentlich transformiert (kein Hof; die Kernpavillons sind von Türmen umstellt), und es fällt schwer zu glauben, das diese Entwicklung zu Écouen, das sonst nichts mit Madrid gemein hat, geführt haben soll. Es ist ja auch zu bedenken, daß zur gleichen Zeit (oder kurz darauf) mit dem Bau von Écouen an der Loire die Schlösser Villandry und Villesavin entstanden sind, die — ohne daß mit Sicherheit eine Abhängigkeit nachzuweisen wäre — im Grundriß Écouen entsprechen[89]. Auch an diesen Schlössern ist, läßt man die Anordnung der Türme bzw. der Pavillons beiseite, keine Verwandtschaft mit Madrid festzustellen. Wenn also in dem Typus der Vierflügelanlage mit Eckpavillons wirklich ein Poggio-Reale-Gedanke stecken soll, so ist es doch nur wenig wahrscheinlich, daß er durch das Schloß Madrid überliefert worden ist.

Bliebe eine unmittelbare Überlieferung. — Es ist hier nicht der Ort, die Poggio-Reale-Tradition im einzelnen wiederzugeben, es mag genügen festzustellen, daß in Frankreich im vierten Jahrzehnt des 16. Jahrhunderts ein beliebiger Baumeister Poggio-Reale kennen konnte (sei's auch nur von Hörensagen), daß er es aber nicht notwendig kennen mußte. Vergleicht man nun nicht nur die Grundrisse sondern die Bauwerke selbst, so wird man ausschließen, daß der Architekt von Écouen Poggio-Reale, an das nichts außer dem Grundriß erinnert, unmittelbar gekannt habe.

Gewiß, die Möglichkeit, daß auf irgendeinem Umweg doch ein italienischer Baugedanke in Écouen eingegangen sei, bleibt bestehen; man tastet hier im Ungewissen. — Aber war denn der Schritt von jenen Vierflügelanlagen vom Typ Bury und von jenen vereinzelten Pavillons hin zum Schloßbau von Écouen so riesengroß, als daß ihn die französische Baukunst nicht hätte von sich aus tun können? Sämtliche Elemente waren vorgegeben; nimmt man dazu die Entwicklungstendenz zu wohnbareren Schloßbauten (der die Einrichtung von rechteckigen Gemächern in Rundtürmen widerstrebt), so erscheint das Ersetzen der Rundtürme als ein folgerichtiger Baugedanke der französischen Baukunst selbst. Und Écouen war der erste Schloßbau, in dem er verwirklicht wurde.

Die Gliederung der Fronten in Écouen — die Fensterordnung, das Relief-

[87] Bernhard Patzak, Die Villa Imperiale in Pesaro. Leipzig 1908, S. 132.
[88] Gebelin, Les châteaux de France. Paris 1962, S. 85.
[89] Gebelin, Les châteaux de France, S. 89—91.

gitter aus Lisenen und Gesimsen — hat, von Gebelin zuerst gesehen, ein unmittelbares Vorbild im Schloßbau von Nantouillet[90]. Mit dem Bau dieses Schlosses wurde vor 1521 begonnen; das Bauwerk ist später zum Teil zerstört und verändert worden, die ursprünglichen Lukarnen fehlen gänzlich. Die Gliederung der zweigeschossigen Wände ist jedoch noch gut zu erkennen. Sie besteht an der Hofseite aus den großen Rechteckfenstern (im Zusammenhang der Fensterordnung), dazwischen sind glatte Lisenen gesetzt, die sich oben, am Dachansatz, verjüngen. An der Außenseite des Schloßbaus ist diese Wandgliederung noch ergänzt durch Gurt- und Kranzgesimse; diese Gesimse bestehen (wie später in Écouen) aus je zwei parallelen Profilbändern. — Es ist vollkommen klar, daß die Fronten des Schloßbaus von Écouen eine Weiterentwicklung der Wandgliederung von Nantouillet darstellen. Gebelin hat die Schlösser von Nantouillet und Écouen zu einer Gruppe zusammengefaßt, die er architekturgeschichtlich als „œuvres indépendantes" von den Schlössern der „école de la Loire" mit den Möglichkeiten der „ordonnance blésoise" und der „ordonnance chambourcine" unterscheidet[91].

In welcher Tradition stehen aber die Fronten von der Art Nantouillet-Écouen? — In der französischen Schloßbaukunst kommt es um 1500 ganz unabhängig vom Italien der Renaissance zur Entstehung monumentaler Fronten, wobei sich Grundstrukturen ausbilden, denen später die Architekturformen der Antike und der italienischen Renaissance eingeordnet werden können. Diese Grundstrukturen seien hier an drei bedeutenden Bauwerken aufgewiesen.

a) Das Schloß von Chemazé, erbaut am Ende des 15. Jahrhunderts[92],
b) die Hoffront des Schlosses von Josselin, erbaut zwischen 1490 und 1510[93],
c) die Hoffront des Flügels Ludwigs XII. in Blois.

Allen drei Fronten gemeinsam ist die Grundstruktur der Fensterordnung, d. h. die Fenster sind mit den Lukarnen in den Einheiten von Fensterachsen übereingestimmt.

In Chemazé sind die Fenster von Fialen eingefaßt, welche vom Boden bis in die Giebel der Lukarnen aufsteigen. Die glatten Wandteile dazwischen haben nur ein schmales Flachband als Gurtgesims, und sie sind gegen das Dach durch ein Kranzgesims abgesetzt, welches an den Fialen jeweils in sich abgeschlossen ist, somit also von den Fensterachsen nicht eigentlich durchbrochen wird. — Die Front ist also senkrecht zerlegt in Fensterachsen und Wandteile, wobei die Fialen eindeutig zu den Fensterachsen gehören.

An der Hoffront des Schlosses von Josselin haben die riesigen Lukarnen etwa die gleiche Höhe wie die Wand; Wand und Lukarnen umfassen je anderthalb Geschosse, d. h. das mittlere Geschoß zur Hälfte der Wand-, zur Hälfte der

---

[90] Gebelin, Les châteaux de la Renaissance, S. 18, 89, 153.
[91] Gebelin, Les châteaux de la Renaissance, S. 13—18.
[92] Gebelin, Les châteaux de la Renaissance, S. 80, Abb. 40 u. 145.
[93] Roger Grand, Le château de Josselin. Paris 1954.

Dachzone an. Das Kranzgesims besteht aus Gesimsstücken, die an den Lukarnen abgeschlossen sind, darauf steht ein hohes Maßwerkgitter. Nur die Lukarnen sind von Fialen eingefaßt, nicht die ganze Fensterachse; trotzdem sind die Lukarnen nicht nur auf die Wand als Kleinarchitekturen aufgesetzt, sondern sie sind ein substanzialer Bestandteil derselben. — In ihrem ursprünglichen Zustand war die Front (zwei Bauphasen entsprechend) auf der linken Seite ungegliedert, auf der rechten Seite war zwischen den Fensterachsen je ein Runddienst aufgelegt[94]. Diese Runddienste teilen die Wand in ungleichmäßige Abschnitte, die jedoch keinen eigenen Formwert im Sinne von Traveen haben; die Dienste bleiben Formelemente für sich.

Die Hoffront des Flügels Ludwigs XII. in Blois ist über den Arkaden des Erdgeschosses durch Lisenen (denen noch ein schlanker Runddienst aufgelegt ist) in Wandabschnitte geteilt, zusammen mit dem Gurtgesims und dem Kranzgesims ergeben sich Wandfelder. Ähnlich wie in Écouen bilden die Horizontal- und Vertikalglieder ein Reliefgitter, der Formwert der Wandfelder ist demgegenüber gering. Die Lisenen fassen die Fenster symmetrisch ein, ihre Stellung ist unmittelbar jedoch abhängig von den Pfeilern des Erdgeschosses, nicht von den Fensterachsen. — Auch dieses Wandsystem ist also variabel.

Die architektonischen Details der drei Fronten, die Fialen, der Zuschnitt der Profile usw., gehören dem Formenschatz der Spätgotik an. — Andrerseits hat sich die französische Baukunst um 1500 mit der Ausbildung derartiger Fronten (deren architekturhistorischen Voraussetzungen im 15. Jahrhundert noch zu untersuchen wären) Möglichkeiten des Bauens geschaffen, die schon aus der eigentlichen Gotik hinausführen.

Wichtig ist ja, daß an den Fronten von der Art Chemazé-Josselin-Blois die spezifisch gotische Bauform nur mehr noch eine Zierform ist, die wegfallen oder durch die Architekturformen von Antike und Renaissance ersetzt werden kann, ohne daß sich an den Grundstrukturen (z. B. Fensterordnung) wesentliches ändert. So ist das spätgotische Ornament an den Fronten der Schlösser von Nantouillet und Écouen fast gänzlich aufgegeben worden — gleichwohl verraten die oben abgefasten Lisenen in Nantouillet noch deutlich genug ihre Herkunft vom mittelalterlichen Strebepfeiler. — Und wenn die Gesimse in Écouen antiken Gebälken entfernt ähneln, so erscheinen sie doch als eine spezifisch mittelalterliche Umprägung derselben (vgl. ihre Konsubstanzialität mit der Wand). Sicher hat hier keine unmittelbare Rezeption antiker Bauformen stattgefunden; woher diese Bauformen im einzelnen stammen ist ungewiß (Oberitalien?).

Obwohl die Fronten von Blois und Écouen strukturell verwandt sind (Reliefgitter), so besteht doch kein Grund, zwischen beiden Bauwerken einen unmittel-

---

94 Im Zuge der Restaurierung des 19. Jahrhunderts sind jene Runddienste auf der linken Seite der Front ergänzt worden, sie waren ursprünglich nicht vorhanden. Vgl. Roger Grand, Le château de Josselin. Paris 1954, Abb. I u. VI.

baren genetischen Zusammenhang anzunehmen. Écouen ist — was die Fronten betrifft — genetisch die Weiterentwicklung von Nantouillet, Nantouillet gehört architekturgeschichtlich in einen anderen Zusammenhang als Blois.

Aber: auch die Fronten von Chemazé, Josselin und Blois (die hier als Beispiele angezogen worden sind) haben genetisch unmittelbar nichts miteinander zu tun; dennoch verkörpern sie gleichzeitig und unabhängig voneinander eine Entwicklungstendenz der französischen Schloßbaukunst um 1500. In diese autochthone französische Entwicklung gehören auch die Schlösser von Nantouillet und Écouen, obwohl es, als sie errichtet wurden, in Frankreich schon zur Rezeption italienischer Renaissance-Architektur gekommen war. Im Bau des Schlosses von Écouen eine unzeitgemäße Verspätung erblicken zu wollen, wäre unbegründet. Vielmehr wird man darin den höchst kräftigen, allerdings auch letzten Versuch zu sehen haben, der in Frankreich unternommen wurde, die spätgotische Schloßbaukunst aus ihren eigenen Voraussetzungen zu erneuern und weiterzuführen.

Gewiß, der Schloßbau von Écouen wurde in den Architekturformen der Antike vollendet; daß aber jener Versuch nicht an sich gescheitert ist, das beweist die Tatsache, daß die spätere französische Schloßbaukunst die Formen der italienischen Renaissance und der Antike rezipieren konnte, ohne ihre Grundprinzipien des Bauens aufzugeben: die strukturelle Bestimmung des Bauwerks durch (stereometrische) Baukörper und Fronten.

Gebelin[95] hat gezeigt, daß die Lukarnen des Schlosses von Écouen (und zwar diejenigen, die in dieser Arbeit in Abteilung I zusammengefaßt sind) nach Vorbildern der „Loire-Schlösser" hergestellt worden sind, und er hat diese Vorbilder im einzelnen bezeichnet. Für andere Lukarnen in Écouen konnten Motive aus den Architekturbüchern Serlios nachgewiesen werden (Abteilung II). — Bereits der Ursprungsbau des Schlosses war also mit Lukarnen ausgestattet, in denen in der Ausprägung der Baukunst der Loire-Schlösser die Architekturformen der italienischen Renaissance rezipiert sind. Es ist bemerkenswert, daß es hier im Unterschied zur Gesamtdisposition des Schlosses und zur Gliederung der Fronten nicht zu einer eigenen Weiterentwicklung solcher Lukarnen gekommen ist. (Daß aber die monumentalen Lukarnen als Architekturmotiv ein Erbe der spätgotischen Schloßbaukunst sind, braucht nicht eigens betont zu werden.)

Wie nun ist die Frage nach der architekturgeschichtlichen Stellung des Ursprungbaus des Schlosses von Écouen zu beantworten? — Gebelin[96] hat gesagt: „Dans son ensemble, le château ... est le réprésentant accompli de cet âge intermediaire, — le plus français de toute notre Renaissance, — qui suit le regne des ornemanistes et prépare l'avènement des purs neoclassiques."

Gebelin sieht also e i n e Entwicklungslinie vom ornamentalen Stil der

[95] Gebelin, Les château de la Renaissance, S. 89—90.
[96] Gebelin, Les château de la Renaissance, S. 91.

Loire-Schlösser über den monumental-nüchternen Stil der Schloßbauten von Nantouillet und Écouen hin zu den Architekturschöpfungen der „Klassiker" (Lescot, Delorme, Bullant u. a.), — und er faßt die Phänomene dieser Entwicklung unter dem Begriff der Renaissance zusammen.

Von dieser Auffassung wird hier abgewichen. Der Ursprungsbau des Schlosses von Écouen wird hier im wesentlichen nicht als ein Renaissance-Schloß begriffen. Daß am Bauwerk einige antikische Einzelformen — und zwar in einer spezifisch mittelalterlichen Umprägung — vorkommen, das berechtigt noch nicht, schon von einer Renaissance der antiken Architektur zu sprechen. (Ebensowenig wie die unmittelbare Rezeption einiger antiker Architekturmotive in der burgundischen Romanik eine Renaissance der antiken Baukunst bedeutet.)

Die Schloßbaukunst der ersten Hälfte des 16. Jahrhunderts in Frankreich braucht nicht als eine einheitliche unter dem Begriff der Renaissance verstanden zu werden. — Der Ursprungsbau des Schlosses von Écouen gehört in eine autochthone französische Entwicklung, die, weithin unabhängig von Antike und italienischer Renaissance, unmittelbar aus der spätgotischen Schloßbaukunst hervorgeht — und diese überwindet[97].

[97] In seiner Geschichte der deutschen Kunst (Bd. II, 1930, S. 318) wendet sich Georg Dehio bei der Besprechung der Albrechtsburg zu Meißen gegen den Versuch, dieses Werk Arnolds von Westfalen an den Anfang der Renaissance-Baukunst in Sachsen zu stellen. „Das ist ein irreführendes Spiel mit Worten. Arnolds Bauweise hat mit Italien gar nichts zu schaffen, ist nordisch. Um so wichtiger ist die Feststellung, daß sie im Kern ihres Wesens nicht mehr gotisch ist. Unabhängig von der italienischen Renaissance ist auch im Norden ein neuer Stil auf dem Wege."

VII. Die Architekturen des Jean Bullant

Über die Anfänge des Jean Bullant ist wenig bekannt. Man weiß, daß er aus einer Baumeisterfamilie aus Amiens stammt, es ist aber ungewiß, wann er in die Dienste Annes de Montmorency getreten ist. Auch sein Geburtsjahr und die Zeit seines Rom-Aufenthaltes können nur vermutet werden[98].

Es wird hier nicht der Versuch gemacht, die Urheberschaft Bullants für die antikischen Renaissance-Architekturen in Écouen im einzelnen nachzuweisen, — sie kann, wenn man die wahrscheinlichen Baudaten in Erwägung und Chantilly und Fère-en-Tardenois in Vergleich zieht, als gesichert gelten. Das Jahr 1551 brachte die entscheidende Wende im Schloßbau von Écouen, und die Architekturen, die nach diesem Zeitpunkt entstanden sind, schließen sich (mit Ausnahme des Prunkkamins im Nordflügel) stilistisch so eng zusammen, daß kein Grund besteht, an ihnen neben Bullant noch andere Meister am Werke zu sehen[99].

Ein echtes Zuschreibungsproblem bergen dagegen der Altar und die Holzarchitekturen der Kapelle sowie der große Prunkkamin im Festsaal des Nordflügels.

Von der Stilkritik her ließe sich die Annahme verteidigen, die Altarmensa sei möglicherweise ein Werk Goujons, das Altarretabel und dessen Unterbau ein Werk Bullants. Im Unterschied dazu scheint eine eindeutige und begründbare Zuschreibung der Holzarchitekturen an den einen oder den anderen der beiden Künstler nicht möglich zu sein. Vielleicht ist schon die Frage: Bullant oder Goujon? falsch gestellt, es ist ja denkbar, daß diese beiden hier überhaupt nicht beteiligt sind, oder aber daß den ausführenden Bildhauern ein beträchtlicher Anteil auch am Entwurf zukommt.

Mag sein, daß die folgende Überlegung weiterführt: Die Holzarchitekturen sind mit Ausnahme des Sakristei-Portals, welches nach 1551 entstanden ist, in dem Zeitraum von etwa 1546 bis 1550 geschaffen worden, und die großen Portiken des Schlosses sind erst nach 1551 gebaut worden. In diesen Portiken, die

---

98 Zu den Fragen der Biographie Bullants vgl.:
M. Roy, La famille de Jehan Bullant. In: Revue du XVIe siècle, tome V, 1917—1918. Paris 1919. — P. Heliot, Eléments d'un répertoire des maître-maçons artésiens et picards. In: Revue du Nord, tome XXXIII, 1951, S. 142—148. — L. Hautecœur, Histoire de l'Architecture classique en France. Tome I, vol. II, Paris 1965, S. 160—162. — F.-Ch. James, Jean Bullant (vgl. Anm. 4).

99 F.-Ch. James (vgl. Anm. 4) nimmt dagegen an, der Eingangsportikus, der Kapellenportikus, das Sakristeiportal und der Altar seien gegen 1547—1548 und ohne Beteiligung Bullants entstanden.

von Bullant stammen, erscheinen die antiken Bauelemente gleichzeitig in unmittelbaren Kopien und in der Nachahmung Serlio'scher Muster, die jedoch in vollendeter Formbeherrschung gegeben sind. Im Unterschied dazu enthalten die Holzarchitekturen keine Antikenkopien, es sind ebenfalls Muster aus den Architekturbüchern Serlios und Martins verwendet worden, die Umsetzung derselben verrät jedoch keine Kenntnis originaler antiker Architektur. Das gilt ebenso für diejenigen Lukarnen des Schloßbaus, die in dieser Arbeit in Abteilung II zusammengefaßt sind.

Daraus könnten — auf Bullant bezogen — zwei Schlüsse gezogen werden: Diese Kleinarchitekturen sind a) ohne Mitwirkung Bullants geschaffen worden, Bullant wäre dann erst nach 1550 nach Écouen gekommen, oder sie sind b) unter Mitwirkung Bullants, jedoch vor dessen Rom-Aufenthalt, entstanden.

Letzteres halte ich für wahrscheinlicher, und es ließe sich daran — wiederum ganz hypothetisch — die Vermutung knüpfen, Bullant sei nach 1545 als Steinmetz oder Baumeister französischer Bautradition nach Écouen gekommen und habe sich dort durch ein lebhaftes Interesse für die neue Baukunst ausgezeichnet. Er hätte nach Maßgabe der Architekturbücher Serlios und Martins einige Kleinarchitekturen (Lukarnen, eventuell auch Holzarchitekturen) geschaffen, und er wäre dann von Anne de Montmorency zum weiteren Studium nach Rom geschickt worden. Da die antikischen Architekturen Bullants nach 1551 entstanden sind, und da Bullants Rom-Aufenthalt wahrscheinlich nicht sehr lange (vielleicht nur etliche Monate) gedauert hat, so kann geschlossen werden, daß die Romreise vielleicht innerhalb der Zeitspanne von 1549 bis 1551 stattgefunden hat. Denn es ist unwahrscheinlich, daß ein Architekt vom Range Bullants nach einem Studium in Rom in der französischen Baukunst über Jahre hinweg keine Spur hinterlassen haben sollte; und aus der Zeit v o r 1551 sind bisher keine Bauwerke Bullants mit Sicherheit nachgewiesen worden. (Anthony Blunt[100] legt die Reise in die erste Hälfte der vierziger Jahre; nach der älteren Auffassung hätte sie sogar schon in den dreißiger Jahren stattgefunden.)

Wir stünden in Écouen also vor dem Frühwerk des Jean Bullant.

1. Der Nordflügel (Abb. 5, 7)

Jean Bullant hat nach 1551 den Nordflügel als letzten Flügel des Schloßbaus errichtet, und es galt, die „Lücke" zwischen zwei Pavillons zu schließen, an denen die Anschlußstücke des Nordflügels bereits vorgegeben waren. So hat Bullant auf der Hofseite an die Lisenenfronten angeschlossen und in die Mitte der Hoffront den zweigeschossigen Portikus gestellt; und an der Außenseite, an der wegen

[100] A. Blunt, Art and Architecture in France 1500 to 1700. London 1953, S. 91. — James entscheidet sich für ein Datum „gegen 1540".

der Türme keine Wandteile vorgegeben waren, hat er die Pilasterfront erbaut, aus deren Flucht in der Mitte die große Loggia hervortritt.

Eine Querwand teilt den Flügel im Innern genau in der Mitte. In der westlichen Hälfte des Flügels sind große Säle untergebracht, in der östlichen Hälfte zunächst die monumentale Treppe, dann kleinere Säle. Wahrscheinlich ist die Treppe deswegen nicht in die Mitte des Flügels gelegt worden, um Platz für die großen Säle zu gewinnen. Das Treppenhaus hat genau die halbe Breite des Portikus bzw. der Loggia; durch diese Bauteile wird am Außenbau die von der Treppe verursachte Symmetrie ausgeglichen.

Von der Hofseite her steigt die Treppe in einem geraden Lauf an und mündet in halber Geschoßhöhe auf einem Treppenabsatz, der in der Loggia (also außerhalb der Baulinie des Flügels) liegt. Von dort führt die Treppe in einem gegenläufigen, ebenfalls geraden Lauf zum Hauptgeschoß, der Treppenabsatz liegt dort im Flügel selbst, von dort her sind die Säle zugänglich. In gleicher Weise steigt die Treppe dann zum Dachgeschoß.

Die unteren beiden Treppenläufe sind mit einer steigenden Halbtonne eingewölbt, die beiden oberen Läufe haben steinerne Flachdecken, die jedoch auch als Gewölbe in der Art eines „scheitrechten Bogens" konstruiert sind.

Jener Eigentümlichkeit, daß an der Nordseite die Treppenabsätze in die Loggia verlegt sind, wird die Absicht zugrunde gelegen haben, die Treppenläufe sanfter ansteigen zu lassen, was sie bequemer begehbar macht. Zwischen der Loggia und dem Flügel tritt dadurch eine Verschiebung in der Geschoßhöhe ein: das Niveau der Geschosse der Loggia liegt jeweils in halber Höhe der Geschosse des Flügels.

2. *Die Außenfront des Nordflügels* (Abb. 15, 17)

Obwohl die Außenfront des Nordflügels und die Loggia gemeinsam in einem Bauvorgang errichtet worden sind, so ist es doch notwendig und sinnvoll, zuerst diese Bauteile für sich zu beschreiben und danach erst ihren baukünstlerischen Zusammenhang zu beachten.

Die Front hat zwei Geschosse, dazu ein ausgebautes Dachgeschoß; ihre baukünstlerische Gestalt ist gegeben in der Fensterordnung und in einer Pilasterordnung, bestehend aus der toskanischen und der dorischen Ordnung. Die beiden Hälften der Front links und rechts der Loggia bestehen aus je zwei Fensterachsen und einem Wandabschnitt dazwischen, der aus der Superposition je einer Pilastertravee gebildet ist. Ein schmales Wandstück schließt jeweils an die Treppentürme an.

Die Front erscheint also als senkrecht zerlegt in die Einheiten von Fensterachsen und von Wandabschnitten. Diese Zerlegung ist aber aufgehoben darin, daß jene Einheiten mit der Wand, die als Kontinuum gegeben ist, hervorgebracht werden.

Die Einzelteile der Front: Die hohen Fenster haben alle das steinerne Fensterkreuz und ein entsprechendes Leibungsprofil. Die Fenster des Erdgeschosses sind mit einem einfachen Flachband gerahmt, die des Hauptgeschosses haben einen architravierten Rahmen mit oben vorspringenden Nasen; ähnlich sind auch die Fenster der Lukarnen gerahmt. Die Lukarnen selbst sind mit Segmentbogengiebeln bekrönt.

Zwischen den Fenstern sind steinerne Tafeln angebracht: unten rechteckige Tafeln mit je einer Rosette in den unteren Ecken, oben Tafeln mit vorspringenden Nasen, mit denen sie jeweils zwischen zwei flache Triglyphenkonsolen eingehängt sind. Auf diesen Tafeln erscheinen die Embleme, Devisen und Monogramme der Katharina von Medici und der Diana von Poitiers; die Monogramme D (Diana) und K (Katharina) sind jeweils noch kombiniert mit den H Heinrichs.

Die Pilaster und Gebälke der toskanischen und dorischen Ordnung sind nicht unmittelbar antiken Modellen nachgebildet, sondern sie entsprechen in allen Einzelheiten den schematischen Darstellungen der Säulenordnungen gemäß den Regeln des Vitruv, die Serlio in seinem IV. Buch (1537) veröffentlicht hat[101].

(Bullant hat später in seinem Traktat „La reigle généralle d'Architecture...", Paris 1564, die vitruvianischen Regeln mit Aufrissen illustriert, die den Darstellungen Serlios genau entsprechen; vgl. Seite 5, 7, 8, 9[102]. Es sei hier schon darauf hingewiesen, daß an den antikischen Architekturen in Écouen zwei Arten einer Antikenrezeption festzustellen sind: unmittelbares Kopieren antiker Modelle einerseits, Nachbildung nach den Regeln des Vitruv [jedoch schon in der Redaktion Serlios] andrerseits.)

Jede Hälfte der Nordfront hat je drei Pilaster der toskanischen und der dorischen Ordnung. Diese Pilaster haben voneinander den gleichen Abstand, ihre Sockel sind der Wand vorgekröpft. Die beiden toskanischen Pilaster zwischen den

---

101 S. Serlio, Tutte l'opere d'Architettura. Venetia 1619, Fol. 127 r, 129 r, 141 r.

102 Bullants Architekturtraktat ist von A bis Z aus den Vitruv- und Alberti-Übersetzungen Jean Martins abgeschrieben, der Text enthält also keine eigenen Gedanken Bullants. (Auch die Berechnung der Säulenhöhe nach dem arithmetischen Mittel — von Hautecœur und zuletzt noch von Tafuri für eine Erfindung Bullants gehalten — steht schon bei Alberti; IX. Buch, 6. Kapitel.)

Die Leistung Bullants ist es, die Proportionierung der Teile in einer jeden Ordnung in leicht verständlichen Aufrissen dargestellt und zum ersten Male exakte Bauaufnahmen antik-römischer Ordnungen publiziert zu haben.

Architecture ou Art de bien bastir de Marc Vitruve Pollion Autheur romain antique: mis de Latin en Françoys par Ian Martin Secretaire de Monseigneur le Cardinal de Lenoncourt. Paris 1547.

L'Architecture et Art de bien bastir du Seigneur Leon Baptiste Albert, Gentilhomme Florentin, divisée en dix livres, Traduits de Latin en Françoys, par deffunct Ian Martin, Parisien, nagueres Secretaire du Reverendissime Cardinal de Lenoncourt. Paris 1553.

Hautecœur, Histoire de l'Architecture classique en France. Tome I, Vol. II Paris 1965, S. 161—162. — M. Tafuri, L'Architettura del Manierismo nel Cinquecento europeo. Roma 1966, S. 285—86.

Fensterachsen sind durch ein vollständiges toskanisches Gebälk verbunden, die dorischen Pilaster haben ein Gebälk, dessen Sima (nicht das ganze Gebälk) an den Fensterachsen abgeschnitten ist, so daß die Lukarnen nicht von der weit ausladenden Sima überschnitten werden. Die jeweils äußeren Pilaster (rechts bzw. links der Treppentürme) haben ebensolche Gebälke; diese Gebälkstücke, die ja mit denen der anderen Pilaster nicht verbunden sind, laufen in die Treppentürme hinein. Die Pilaster bleiben dort also vereinzelt, können daher aber in Beziehung gesetzt werden zu den äußeren Fensterachsen.

Das heißt: Die Pilaster der Nordfront stehen miteinander in zwei grundverschiedenen Zusammenhängen. Die inneren Pilaster bilden die Einheiten von Pilaster-Wand-Traveen, die äußeren Pilaster stehen mit den mittleren im Zusammenhang von Pilaster-Fenster-Traveen. Diese Traveen sind aber keine primär strukturellen Einheiten der Front.

Es genügt darauf hinzuweisen, daß einerseits die äußeren Pilaster einem Wandabschnitt, welcher in die Treppentürme überführt, zugeordnet sind, ohne mit demselben die Einheit einer Pilaster-Wand-Travee zu bilden, und daß andrerseits die inneren Fensterachsen unmittelbar an die Loggia stoßen (wodurch die dort geforderten Pilaster gleichsam verdeckt werden), so daß es an dieser Fensterachse nicht zur Bildung von Pilaster-Fenster-Traveen kommt.

Das bedeutet aber, daß die Pilasterordnung nicht das konstituierende Motiv der Front sein kann. Die Pilaster erscheinen zugleich vereinzelt und einbezogen in ganz verschiedene Zusammenhänge, die von der „Ordnung" nicht selbst hervorgebracht werden (wodurch die anfangs beschriebene Zerlegung der Front in Fensterachsen und Wandabschnitte modifiziert wird) — ohne daß aber elementare Zusammenhänge von Bauformen entstünden, aus denen wiederum die übergeordneten Einheiten der Front gebildet würden.

Das liegt daran, daß in der Front zwei verschiedene architektonische Strukturen zusammengefaßt sind, die einander auszuschließen scheinen — die Struktur der Fensterordnung und die Struktur der Säulenordnung.

Bemerkung

Der von Erich Hubala eingeführte Begriff der Fensterordnung ist schon erläutert worden, vgl. S. 48. Es ist damit ein spezifischer Zusammenhang von Fenstern und deren Verhältnis zur Wand bezeichnet.

Die Fenster sind in die Wand „eingeschnitten" — („Wand" verstanden als kontinuierlich in der Fläche ausgedehnte Substanz) — sie setzen dieselbe also für ihren Bestand voraus. Die Fenster sind somit die unselbständigen Elemente der Fensterordnung, ihre Grundeinheiten sind die Fensterachsen. Die einzelnen Fenster treten in einer Front nur in diesen unselbständigen Einheiten in Beziehung zueinander, wobei die Bedingungen von Reihung und Gruppierung gelten. Das heißt aber: die Fensterachsen bilden miteinander keine größeren, in sich geschlossenen Einheiten sondern lediglich variable Reihen oder Gruppen. Die besondere Möglichkeit der Fensterordnung liegt in der Ausbildung von Fronten. Fronten sind strukturierte aber nicht in sich geschlossene und nicht eigenständige Wände als Bestandteile von Baukörpern.

Der Begriff der Säulenordnung bezeichnet zweierlei:

a) die Arten, die genera, der Säulen und Gebälke aber auch Fenster und Nischen etc. und die spezifische und systematische Zurichtung derselben; b) einen spezifischen Zusammenhang der Säulen oder Pilaster und weiterhin Gebälke, Fenster und Nischen etc. miteinander.

Hierbei sind die einzelnen Säulen, Gebälke, Fenster usw., die selbständigen Elemente der Ordnung, ihre Grundeinheit ist die Travee. Die Travee ist der integrale Kompositionszusammenhang von jeweils zwei Säulen (oder Pilastern) und einem Gebälk. Mauer als Füllung, Fenster oder Nischen bilden mit der Säulentravee wiederum eine integrale Kompositionseinheit, in welcher die Bedingungen von Symmetrie und Proportion gelten.

In der Säulenordnungswand treten die Elemente der Ordnung in den Einheiten von Traveen zusammen, wobei auch diese wieder zu größeren Kompositionseinheiten zusammengefaßt sein können, z. B. zu der Drei-Einheit der sogenannten „rhythmischen Travee" (Geymüller[103]) usf. Die besondere Möglichkeit der Säulenordnungswand, Fassaden, also in sich geschlossene, selbständige Wände zu bilden, liegt in solchen Strukturen begründet.

Die eigentümliche „Zersplitterung" der Nordfront mag durch den Hinweis auf die so unterschiedlichen Strukturen der Säulenordnung und der Fensterordnung verständlicher werden. — Die Fensterordnung ist das bestimmende „Motiv" der Front. Da die Glieder der Pilasterordnung mit den Fenstern keine Kompositionseinheiten bilden, bleiben sie als einzelne Pilaster oder Gebälke oder als einzelne Pilastertraveen vereinzelt, mehr noch: isoliert. Das braucht weder im Sinne eines „Manierismus" gedeutet zu werden, noch ist darin eine Ungeschicklichkeit des Baumeister zu finden. Denn durch die Vereinzelung und Isolierung jener Bauteile wird ja als baukünstlerischer Wert deren Eigenschaft, Ornament zu sein, in hohem Maße hervorgebracht, gesteigert noch durch die Beschränkung auf wenige Motive.

Bemerkung

Hans Jantzen[104] hat zwischen dem Eigenwert und dem Darstellungswert der Farbe unterschieden. Auf Bauformen übertragen erlaubt diese Unterscheidung eine nähere Kennzeichnung dessen, was hier unter „Ornament" verstanden wird. — In einem Bauzusammenhang besitzt jede Bauform zugleich (symbolischen und anschaulichen) Eigenwert und Darstellungswert; der eine kann den andern überwiegen. Zum Beispiel: Zwei Säulen, unabhängig voneinander vor eine Wand gestellt, besitzen größeren anschaulichen Eigenwert; treten sie zur Einheit einer Travee zusammen, stellen sie also eine übergeordnete Figur dar, so überwiegt ihr Darstellungswert.

Ornamente sind Formen von hohem symbolischen oder anschaulichen Eigenwert (eine Gewandfältelung in Gestalt einer Spirale etwa heißt man „ornamental") — Formen von hohem Darstellungswert sind Dekoration. (Vgl. dazu Erich Hubala, Renaissance und Barock. Frankfurt/M. 1968, S. 120.)

Zersplitterung, Vereinzelung aber auch Monumentalisierung — das kennzeichnet hier den Kompositionszusammenhang der Bauteile. Aufgehoben ist dieser Zustand einer Formzersplitterung im festen Reliefzusammenhang der Front. Die Wand ist als kontinuierlich in der Fläche ausgedehntes Mauerwerk gegeben, sogar die Lukarnen sind ein substanzialer Bestandteil derselben. Die Fenster sind

---

[103] Vgl. H. von Geymüller, Die ursprünglichen Entwürfe für St. Peter in Rom. Paris und Wien 1875, S. 23.
H. von Geymüller, Die Baukunst der Renaissance in Frankreich. Band II, Stuttgart 1901, S. 378.
Vgl. auch Erich Hubala, St. Andrea in Mantua. In: Festschrift Kurt Badt. Berlin 1961, S. 83—120, bes. S. 85.

[104] Hans Jantzen, Über Prinzipien der Farbgebung in der Malerei. In: Kongreß für Ästhetik und allgemeine Kunstwissenschaft 1913. Stuttgart 1914.

in die Wand eingeschnitten, Rahmen, Tafeln, Pilaster und Gebälk sind ihr „aufgelegt“ — in der Art, daß sie mit der Wand in einen konsubstanzialen Zusammenhang treten. Ein Hinweis: Die Fenster des Haupt- und Dachgeschosses haben einen architravierten Rahmen; dieser durchsetzt aber nicht die Wand, die Fenster haben ein Leibungsprofil, das dem steinernen Fensterkreuz entspricht. — Die Tafeln zwischen den einzelnen Fenstern sind mit der Wandebene bündig, sie sind an sich nichts weiter als Mauerwerk — als Tafeln werden sie erst von dem als erhabenes Relief aufgelegten Rahmen hervorgebracht.

Die Fensterrahmen und die Tafeln sind also wohl als selbständige, nicht aber als „prästabilierte“[105] Bauelemente aufzufassen. Das gilt auch für die Pilasterordnung.

Dazu eine grobe, nicht immer zutreffende Unterscheidung: In der Renaissance-Baukunst Italiens herrscht bei ähnlichen Architekturen die Vorstellung eines Gliederbaus — Säulen und Pilaster sind körperhafte, prästabilierte Gebilde, die gleichsam in der Wand stecken. (Alberti — VI. Buch, 12. Kapitel — beschreibt Pilaster als viereckige Säulen, die aus der Wand hervorragen.) Eine derartige Vorstellung würde für die Säulenarchitekturen in Écouen nicht zutreffen. (Das Fehlen von Halbsäulen und rustiziertem Mauerwerk ist ein Zeichen dafür.) Die Pilaster der Nordfront sind existent nur als erhabenes Relief. Deutlich wird das am Kranzgesims, welches entsprechend den Fensterachsen senkrecht durchgeschnitten ist — ein Phänomen, das die Vorstellung, die Elemente der Ordnung seien körperhafte, prästabilierte Gebilde, nicht aufkommen läßt.

Die Wand ist daher, auf die Pilaster bezogen, nicht Füllung zwischen körperhaften Baugliedern, sie ist vielmehr der „Grund“, mit dem alle Formen der Front hervorgebracht werden. Die Front gleicht insofern einer Steinmetzarbeit, bei der alle Teile aus derselben Substanz herausgeholt werden. Nur ist dieses Relief nicht homogen. Unterschieden sind die eben in der Fläche ausgedehnte Wand und die ihr als selbständigen Elemente aufgelegten (nicht applizierten) Rahmen, Pilaster und Gebälke — aber zwischen beiden gibt es spezifische Formverbindungen im Sinne von Konsubstanzialität[106] (Abb. 23).

---

105 Der Begriff der „prästabilierten Form“ ist von Erich HUBALA in die Kunstgeschichte eingeführt worden.

106 Das Baukünstlerische hängt da auch mit der Bautechnik zusammen. Vgl. H. von GEYMÜLLER, Die Baukunst der Renaissance in Frankreich, Band II, Stuttgart 1901, S. 338.
„In Frankreich werden die Umrahmungen der Thüren und Fenster stets an einer Reihe von Quadern ausgemeißelt, die im Verband mit dem anstoßenden Mauerwerk stehen oder durch Verzahnung mit demselben verbunden werden. Es stört die französischen Architekten nicht, wenn der nicht zur Umrahmung gehörige Teil der Verzahnung die Farbe der eigentlichen Umrahmung als oft unregelmäßige Flecken weiter in das Mauerwerk hineinträgt.
In Italien trifft man nie auf solche Verzahnungen, welche auf die reine Form der Umrahmung störend einwirken. Die Gewände werden meistens nach dem Aufführen der Mauern in für sie freigelassene Vertiefungen eingesetzt. Ebenso wird an Façaden namentlich bei Kirchen, die verkleidende Kunstform oft viel später als das Kernmauerwerk durch Verblendung vorgesetzt.“

Wichtig für das Zustandekommen solcher Gefüge ist auch die Zurichtung der Bauelemente im einzelnen. Die Kalksteinquader sind fast fugenlos zusammengesetzt, und die sind an der Oberfläche sorgfältig geglättet. Der Zuschnitt der Profile ist präzis und scharf, die eigentlich plastischen Glieder wie: Kehle, Wulst, Karnies, sind selten im Vergleich zu kantigen, planen und flachen Bändern, Tafeln und Platten.

Diese Stereometrisierung der Bauelemente befördert über ihre Vereinzelung im Kompositionszusammenhang hinaus ihre Isolierung. Da sich aber immer wieder zur Wandebene parallele oder mit dieser sogar identische Flächen bilden, ist gleichsam eine Eigenschaft der Wand auf die Bauelemente selbst übergegangen.

Bemerkung

Die häufige Verwendung jener Tafeln, die in allen möglichen Variationen in der französischen Baukunst so außerordentliche Verbreitung finden, kann aus der Qualität des Stereometrisch-Unplastischen und Flächigen dieser Elemente verstanden werden. (Peter Meyer[107] hat in seiner Europäischen Kunstgeschichte den allgemeinen Begriff der „französischen Tafelwand" geprägt.) Die französische Bezeichnung für jene Tafeln: „table d'attente" gibt einen Hinweis auf ein Bedeutungsmerkmal dieser Bauform. „Table d'attente" bezeichnet ursprünglich in der Sprache der Heraldik einen noch leeren Schild, der zur Aufnahme der heraldischen Farben und Zeichen bestimmt ist. — Ähnlich wie die Säule als „Hoheitsform" (H. G. Evers) begriffen werden kann, so sind auch jene „tables d'attente" der französischen Architektur als ein ausgezeichnetes und auszeichnendes Bauornament zu verstehen.

Das Unplastisch-Stereometrische läßt die einzelnen Bauglieder und die Front insgesamt als starr und unbelebt erscheinen. Doch bürgt hier die Feinheit der Ausführung und die Disziplin in der Auswahl der Motive für einen subtilen Zug. Das Befremdende dieser Architektur, ihre menschliche Ferne, gehen ein in den Ausdruck unpathetischer Großheit.

3. Die Loggia (Abb. 16, 17)

Die Loggia hat drei Geschosse; das niedrige untere Geschoß ist jedoch als Sockel mit dem mittleren Geschoß in der Einheit eines Triumphbogen-Motivs zusammengefaßt. Das obere Geschoß ist auch in der Art eines Triumphbogens gegeben, und es ist mit dem bekrönenden Giebel ebenfalls zu einer Baueinheit zusammengefaßt. Unten herrscht die dorische Ordnung, oben die ionische.

Das niedrige Erdgeschoß hat vier Rundbogenöffnungen (die beiden mittleren sind ein Zwilling), zwischen die die Piedestale der dorischen Ordnung gestellt sind; diese Piedestale haben die Höhe des ganzen Erdgeschosses. Das Hauptgeschoß öffnet sich, einem Triumphbogen entsprechend, in ein großes und zwei kleine Bogenfenster, die von kannelierten dorischen Pilastern eingefaßt sind. Das dorische Gebälk liegt unverkröpft darüber, es ist in den Metopen mit prächtigen

---

[107] Peter Meyer, Europäische Kunstgeschichte. Band II, Zürich 1948, S. 130—139.

Stierschädeln und Rosetten geschmückt. Über den kleinen Fenstern sind ovale, von einem Flechtbandwulst gerahmte Nischen eingesetzt. (In diese Nischen ist je ein Sockel eingearbeitet; man könnte vermuten, daß dort ursprünglich Imperatorenköpfe o. ä. aufgestellt gewesen sind.)

Das Untergeschoß mit dem prachtvoll abschließenden dorischen Gebälk dient dem Obergeschoß als ein mächtiger Sockel. Dieses Geschoß öffnet sich ebenfalls in drei Bogenfenstern; die kannelierten ionischen Pilaster haben ein Gebälk, dessen Fries mit dem Konnetabel-Degen und Lorbeergirlanden geschmückt ist. Dieses Gebälk ist in der Mitte, über dem großen Fenster, unterbrochen, der Bogenlauf des Fensters ragt dort in die Zone des Gebälks bis zu dessen Kranzgesims hinein. Die beiden Gebälkstücke der ionischen Ordnung werden vom Kranzgebälk des Giebels gleichsam verklammert. Im Giebelfeld erscheinen als Reliefs zwei Genien, welche je einen Konnetabel-Degen und gemeinsam einen (leeren) Wappenschild mit Helmzier halten. — Von den Fenstern dieses Geschosses hat nur das mittlere einen Bogenlauf, die beiden kleineren Rundbogenfenster haben keine Archivolte, sie sind aber von einem fein profilierten rechteckigen Rahmen eingefaßt; darüber sind Tafeln (tables d'attente) angebracht.

Die Flanken der Loggia sind fensterlos; sie haben eine der Vorderfront entsprechende Pilastergliederung: unten zwei dorische Pilaster auf hohen Piedestalen, oben ionische Pilaster. Aus dem Architrav des dorischen Gebälks ragt auf jeder Seite ein Wasserspeier heraus, unterstützt von einem Löwenkopf (Abb. 25).

Der Erhaltungszustand der Loggia ist gut; die linke und die rechte Bogenöffnung im Erdgeschoß sind geschlossen worden, die Armierungen der Glasfenster sind in dieser Form kaum ursprünglich. Sonst keine nennenswerten Veränderungen oder Restaurierungen.

Die dorische Ordnung der Loggia ist eine genaue Kopie der dorischen Ordnung der Basilika Aemilia (Rom) von der dem Forum zugewandten Fassade[108], die ionische Ordnung der Loggia ist derjenigen des Fortuna-Virilis-Tempels (Rom) nachgebildet[109].

Das Untergeschoß der Loggia gleicht in der Gesamtdisposition und in ein paar Einzelheiten dem Triumphbogen von Spello[110]; ob tatsächlich eine genetische Beziehung besteht, läßt sich mit Sicherheit nicht sagen. Die Loggia insgesamt hat in Gestalt und Bautypus in der vorangehenden Zivilbaukunst weder in Frankreich noch in Italien Vorbilder. Verwandtes findet man in der kirchlichen Baukunst: z. B. die Loge der Sainte-Chapelle zu Paris oder die Fassade von Antonio da Sangallos St. Peter-Projekt von 1534 (Holzmodell). Ob tatsächlich genetische Beziehungen bestehen, das ist auch hier nicht zu entscheiden.

---

108 Vgl. T. Ashby, Codex Coner. In: Papers of the British School at Rome, Vol. II, London 1904, S. 42, Tafel 77.

109 Vgl. Jean Bullant, Reigle généralle d'Architecture. Paris 1564, Seite 23 und 24.

110 S. Serlio, Tutte l'opere d'Architettura. Venetia 1619, Fol. 82 r. Luigi Rossini, Gli archi trionfali onorari degli antichi Romani. Roma 1836.

(Das Triumphbogen-Motiv in Verbindung mit dem Dreiecksgiebel erscheint mit der Loggia des Schlosses von Écouen zum ersten Mal in der französischen Schloßbaukunst.)

In den architektonischen Motiven und auch in den Details ist die Loggia sehr eng an Formen der antiken Baukunst gebunden, es gibt aber einige für die französische Renaissance-Architektur bezeichnenden Umprägungen — so etwa die Verbindung des Untergeschosses mit dem Mittelgeschoß. Die beiden Geschosse sind horizontal unterschieden aber gleichzeitig auch in der Vertikalen in einem Architekturmotiv zusammengefaßt. Es entsteht ein Zusammenhang, der sowohl von einer Vorstellung von „Komposition" als auch vom mittelalterlichen „Prinzip der übergreifenden Form" (Sedlmayr) bestimmt ist.

Dementsprechend wird hier auch für die Gesamtdisposition das Kunstmittel der Proportionierung (im Sinne des sogenannten „Thiersch'schen Gesetzes"[111] nicht zum Gestaltungsproblem. Jedoch sind die Pilasterordnungen den antiken Proportionsregeln entsprechend zugerichtet.

Die einzelnen Bauformen sind von einer Tendenz zum Unplastisch-Stereometrischen beherrscht. (Bezeichnend dafür ist die Neigung, beim Kopieren bestimmte plastische Glieder des antiken Vorbilds auf ihre jeweilige Grundform zurückzuführen, also etwa einen Eierstab als glatten Rundstab zu geben.) Die wenigen echt plastischen Formen — die Ovalnischen, die Bukranien, die Genien im Giebelfeld — erscheinen daher in ihrem plastischen Wert eigentümlich gesteigert — schön und bedeutungsvoll an sich, daher vereinzelt. Einer solchen Vereinzelung sind aber auch die übrigen ornamenthaften Bauformen unterworfen. Aufschlußreich sind dafür jene „tables d'attente" und die Rahmen der kleineren Fenster des Obergeschosses. Die Tafeln sind von Steinbändern umschrieben, die sich an den Schmalseiten volutenartig einrollen. Von diesem Rahmenornament, das an sich zu jenen Tafeln gehört, erscheinen an der Ecke der Loggia noch einmal die Voluten, jetzt ohne Bezug auf eine Tafel. — Ähnlich sind auch die rechteckigen Rahmen mit den oben vorspringenden Nasen, die die kleineren Fenster einfassen, senkrecht zerlegt, und „Bruchstücke" davon erscheinen (gleichsam als Pfosten) unter der Archivolte des Mittelfensters und wiederum an der Ecke der Loggia, dort umknickend.

---

[111] August THIERSCH, Die Proportionen in der Architektur. In: Handbuch der Architektur IV, Darmstadt 1898, S. 297 ff.
„Wir finden durch Betrachtung der gelungensten Werke aller Zeiten, daß in jedem Bauwerk eine Grundform sich widerholt, daß die einzelnen Teile durch ihre Anordnung und Form stets einander ähnliche Figuren bilden. Das Harmonische entsteht durch Wiederholung der Hauptfigur des Werkes in seinen Unterabteilungen." Thiersch hat für das Verhältnis von Höhe zu Breite die Proportion H:B = h:b nachgewiesen. WÖLFFLIN, Zur Lehre von den Proportionen. In: Kleine Schriften, herausgegeben von J. Gantner, Basel 1946, S. 48—50 hat gezeigt, daß vielfach auch die Umkehrung des Thiersch'schen Gesetzes gilt: H:B = b:h.

Daß also ursprünglich integrale und am passenden Ort erscheinende Bauornamente bruchstückhaft und in einem ihnen nicht von vorneherein zugehörigen Zusammenhang vorkommen, das heißt: diese Ornamente sind an und für sich da, und sie sind an und für sich merkwürdig, schön und bedeutungsvoll. (Um jene von Hans Jantzen[104] für Farbphänomene getroffene Unterscheidung im übertragenen Sinne anzuziehen: der Eigenwert jener Formen überwiegt ihren Darstellungswert.) Dazu steht nicht im Widerspruch, daß diese Bauornamente auch eine konkrete Funktion im Gesamtzusammenhang der Loggia haben — und zwar bei der Gestaltung der Ecke. Diese ist — durchaus französisch — nicht als Abschluß (einer Fassade) sondern als Übergang (am Baukörper) aufgefaßt.

Der Bauzusammenhang der Loggia mit der Nordfront ist dissonant. Beide Bauwerke stoßen ungemein „hart" aufeinander, nichts ist angeglichen oder übereingestimmt. Jede der beiden Architekturen ist für sich und unabhängig von der anderen da, doch sind sie sorgfältig zusammengefügt. Zwei Details geben einen Hinweis, wie dieser Zusammenhang zu verstehen ist:

Das Kranzgesims der dorischen Ordnung der Loggia läuft in den architravierten Rahmen des anstoßenden Fensters der Front hinein Fensterrahmen und Kranzgesims durchdringen sich an dieser Stelle. — In den Schaft des an die Front anstoßenden dorischen Pilasters der Loggia ist ein Stück des Kranzgesimses der toskanischen Ordnung der Front eingearbeitet, gerade soviel, wie von dem vorkragenden Kranzgesims hervorragen müßte, wenn die Gliederung der Front bei regelrechter Zurichtung der Ordnungen hinter der Loggia fortgesetzt wäre. Auch hier scheinen sich Gebälk und Pilaster zu durchdringen.

Bemerkung

Die konsubstanziale Zusammenfügung der Loggia mit der Nordfront ist baukünstlerisch mißglückt. Sie verdient es dennoch — als „kritisches Phänomen" (Sedlmayr) — bemerkt zu werden, weil sich daran ein innerer Widerspruch der Baukunst Jean Bullants abzeichnet. Dieser Widerspruch entsteht aus Bullants Streben, die einzelnen Bauformen und Bauwerke zu verselbständigen, ja zu isolieren, sie aber auch im Sinne von Konsubstanzialität zu verbinden. Konsubstanzialität als Durchdringung von Bauformen und Isolierung derselben — das sind aber exkludierende Gegensätze. So erscheinen bei Bullant architektonische Gefüge, deren Formzusammenhang weniger gestaltet als gedacht ist. — Sein Bestes leistet er dort, wo er geometrische oder stereometrische Bauformen (Bänder, Platten, Quader) in einem Reliefgefüge mit der Wand selbst hervorbringt.

4. *Der Hofportikus des Nordflügels* (Abb. 21)

Der zweigeschossige Hofportikus des Nordflügels ist, wiewohl in viele Einzelformen „zersplittert", in wenigen großen Motiven zu erfassen: Je ein Säulenpfeiler an den Seiten und ein Mauerpfeiler in der Mitte, alle drei stark hervortretend, tragen ein Gebälk, überhöht von einer Attika. Zwischen den Pfeilern, in der Wandebene, sind Fensterachsen, mit denen je eine Lukarne am Dachansatz übereingestimmt ist.

Die Säulenpfeiler bestehen in der Superposition der dorischen und korinthischen Ordnung, und zwar stehen eng zusammengerückt zunächst der Wand, von dieser aber noch durch Mauerwerk abgesetzt, je ein Paar viereckiger Säulen, eine Nische einfassend. Frei davorgestellt sind ihnen in gleicher Anordnung Rundsäulen. Das dorische Gebälk ist auf die Wand zurückgeführt, es läuft auch über den Mauerpfeiler. Dieser ist ein kantiger, glatter mächtiger Quader mit je einer Nische oben und unten.

Die dorischen und korinthischen Säulen folgen in ihrem Zuschnitt dem allgemeinen Typus, sie sind wohl nicht unmittelbar nach bestimmten antiken Modellen kopiert. Das Gebälk der korinthischen Ordnung ist verhältnismäßig einfach (kein Mutulengeison)[112], es entspricht eher dem Gebälk der ionischen Ordnung. Dadurch ist es um so vollkommener mit der Attika, die als Brüstung eines Balkons dient, zu einem einzigen Riegel zusammengefaßt.

Türen, Fenster und Lukarnen sind senkrecht übereingestimmt — daß sie zu Fensterachsen zusammentreten, das wird dadurch begünstigt, daß das dorische Gebälk von je einer heraldischen Tafel von der Breite jener Fenster unterbrochen ist. Die Breite der Öffnungen nimmt von den bemerkenswert kleinen rundbogigen Türen über die kleinen Rechteckfenster des Erdgeschosses bis zu den großen Fenstern des Hauptgeschosses zu; die großen Lukarnen sind mit Segmentbogengiebeln bekrönt und verbunden durch eine steinerne „Tafel", auf der ein Dreiecksgiebel sitzt. Die Fensterachsen sind im Verhältnis zu den Pfeilern leicht zur Mitte hin zusammengerückt.

Neben den Fenstern sind in beiden Geschossen ovale Tondi (unten) und ovale Nischen (oben) angebracht, sie sind von Flechtbandwülsten gerahmt. In die Tondi war ursprünglich ein plastischer Schmuck eingearbeitet, er ist abgeschlagen worden. Heraldische Ornamente — die Monogramme, Embleme und Devisen der Katharina von Medici und der Diana von Poitiers sowie das Monogramm Heinrichs II. — erscheinen an jenen Tafeln, die das dorische Gebälk unterbrechen (Abb. 26), und in gleicher Form noch einmal als Soffitte des Gebälks der korinthischen Ordnung. An der Attika sind fünf von Lorbeerzweigen durchflochtene Diana-Monde angebracht, die Tafeln am Gebälk der dorischen Ordnung an den Flanken der Säulenpfeiler haben als Diana- und Apoll-Attribut Pfeil und Bogen (Apoll = Heinrich II.). Die Embleme der Katharina und der Diana kommen auch noch in den Metopen des dorischen Gebälks und unter dessen Architrav vor.

In den Segmentbogengiebeln der Lukarnen sind Steinblöcke in der Bosse stehengeblieben, die sicherlich auch für heraldische Ornamente bestimmt gewesen sind[113], in dem Dreiecksgiebelchen sitzt ein nicht näher bestimmbarer Wappen-

---

112 Vgl. Jean BULLANT, La reigle généralle d'Architecture. Paris 1564, Seite 29 u. 31.

113 Wenn die Vermutung richtig ist, daß der Portikus aus Anlaß der beabsichtigten Vermählung des François de Montmorency mit der Diane de France errichtet worden ist (vgl. S. 23), dann könnte angenommen werden, daß jene Steinblöcke für die Darstellung der Ehewappen bestimmt gewesen sind.

schild. — In den Rahmen über den Nischen, die von den dorischen Säulen eingefaßt sind, waren ehemals wohl Reliefs (oder auch nur Hartsteinplatten) eingelassen, heute zeigt sich dort rohes Mauerwerk[114]. Die Tafeln über den Nischen des Mauerpfeilers haben im 19. Jahrhundert Inschriften bekommen, die Napoleon gewidmet sind. In die Nischen selbst waren ursprünglich wahrscheinlich antike Standbilder eingestellt: der Stich Ducerceaus zeigt im Erdgeschoß einen Merkur.

5. *Der Eingangsportikus* (Abb. 2)

Der Eingangsportikus wurde im Jahre 1787 abgebrochen. Sein ursprünglicher Bestand läßt sich nach älteren Zeichnungen und Beschreibungen sowie anhand der erhaltenen Bruchstücke einigermaßen zuverlässig rekonstruieren. (Wichtigstes Dokument sind die Stiche Ducerceaus.)

Demnach hatte der Portikus drei Geschosse, und er trat aus der Baulinie des Eingangsflügels heraus. Das Erdgeschoß war als ein Vestibül eingerichtet, von dem eine fein gerahmte Tür ins Innere des Schlosses führte. Das Mittelgeschoß war eine Loge, von der Galerie des Flügels her zugänglich. Das Obergeschoß war als eine große Nische ausgebildet, auf deren flach geschlossenen Grund als Relief das Reiterbild des Konnetabels angebracht war.

Die Front des Portikus bestand in einer Superposition von dorischen und ionischen Dreiviertelsäulen sowie von Hermenpilastern. Die große rechteckige Portalöffnung war von je einem Paar dorischer Säulen eingefaßt, welche auf Sockel und Piedestale gestellt und der Wand vorgekröpft waren. Zwischen den Säulen waren, wie auch in den übrigen Geschossen, Nischen eingelassen. — Das Mittelgeschoß hatte eine große Bogenöffnung, die von Säulenpaaren der ionischen Ordnung flankiert war — ein Triumphbogenmotiv also (Typus Pola). Die große Nische darüber bestand aus zwei mit Hermenpilastern versehenen Sockeln, die von einer frei schließenden Tonne mit architravierter Bogenstirn überspannt waren. Neben dieser Tonne hockten als Akrotere auf kleinen Sockeln noch Sphinxe.

Die Flanken des Portikus hatten ebenfalls eine Säulen- oder Pilastergliederung, und sie öffneten sich in Bogenfenster. Das Vestibül des Erdgeschosses war mit einer Flachdecke gedeckt, die Loge war wahrscheinlich im Innern gewölbt.

Einen Teil der Bruchstücke des zerstörten Portikus hat Alexandre Lenoir im Jahre 1801 von einem Bürger namens Honoré in Écouen für sein „Musée des

---

114 Möglicherweise war dort jenes Marmorrelief eines Männerkopfes (in der Art eines antiken Philosophen) eingelassen, das Baltard: Paris et ses monuments. Tome II. Paris 1805 als ein Portrait Jean Bullants in Kupfer gestochen hat; das Relief wird heute im Louvre aufbewahrt. Vgl. dazu L. Courajod, Notice sur un faux portrait de Philibert Delorme. In: Mémoire de la Société nationale des Antiquaires des France, 4e série, tome 8, Paris 1877, S. 57—84.

monuments français" erworben[115]. Aus diesem Anlaß hat Lenoir, um den zuständigen Minister für den Ankauf zu interessieren, eine Liste der in Frage stehenden Fragmente aufgestellt. Ein Teil der dort angeführten Bruchstücke ist heute noch in den Höfen und Gärten der École des Beaux-Arts in Paris aufzufinden; diese Fragmente können anhand der Bauaufnahmen Baltards[116] leicht identifiziert werden. Erhalten sind:

I. a) Vier dorische Kapitelle, zwei davon mit Bruchstücken einer gerahmten Tafel. (Der Kapitellhals hat ein Blatt- und Pfeifenmuster, der Echinus ist als Eierstab gegeben — also eine aus der Dorica entwickelte Komposita, die ein Vorbild in Serlios IV. Buch hat[117],

b) zwei dorische Basen (mit Eckblättern),

c) Bruchstücke eines dorischen Frieses mit Bukranien und Rosetten,

d) zwei kleine Genien (Reliefs), die den Konnetabel-Degen tragen und ursprünglich als Wappenhalter gedient haben. (Ihr ursprünglicher Ort am Portikus ist ungewiß; die beiden Fragmente werden heute im Louvre aufbewahrt.),

e) ein kleines Profilstück mit einem Palmetten-Blattranken-Fries. (Es ist ein Fragment jener Tür, die vom Vestibül des Portikus ins Schloß führte; vgl. Fol. 1 r und Fol. 6 im Skizzenbuch Perciers.)

II. In Lenoirs Liste der Portikus-Fragmente sind unter Nr. 10 verzeichnet: „Deux beaux plafonds en pierre ornés d'arabesques, très bien sculptés, portant chacun huit pieds de long sur quatre de large."

Courajod hat auf eine steinerne Decke hingewiesen, welche heute im zweiten Hof der École des Beaux-Arts aufbewahrt wird, und er hat vermutet, daß diese Decke mit jener von Lenoir erworbenen identisch sei (Abb. 28).

Die Decke ist aus drei reliefierten Platten zusammengesetzt, deren Relief ein einheitliches Muster ergibt: in der Mitte eine glatte, plane Tafel (table d'attente), die von einem lesbischen Kyma, von Flachbändern, einem Mäander, Kassetten und wieder einem Mäander gerahmt ist.

Die Kassettenrahmung mit den eigentümlichen „Dreipässen" in den Ecken ist Serlios Reproduktion des Holzwerkes der (1577 verbrannten) Decke in der Sala dello Scrutinio im Dogenpalast nachgebildet[118].

Die einzelnen Platten messen 88,5 zu 200 Zentimeter, die Decke insgesamt also 265 zu 200 Zentimeter. Das steht im Widerspruch zu den Angaben Lenoirs,

---

115 Vgl. zu dem folgenden Kapitel: Louis Courajod, Alexandre Lenoir, son journal et le Musée des Monuments français. 3 tomes, Paris 1878—1887. — Tome II (1886), S. 82—113. — Etudes sur les fragments encastrés dans les panneaux de la cour en hémicycle (de l'Ecole des Beaux-Arts). — Dort ist auch der genannte Brief Lenoirs abgedruckt.

116 Baltard et Duval, Paris et ses monuments. Tome II, Paris 1805, Tafel 6, 9, 10,

117 S. Serlio, Tutte l'opere d'architettura. Venetia 1619, Fol. 184 v. P. du Colombier, La chapelle d'Écouen. In: Gazette des Beaux-Arts 1936, S. 90—91 hat zuerst darauf hingewiesen, daß die dorischen kompositen Kapitelle des Eingangsportikus, des Kapellen-Portikus und des Altarretabels Muster in Serlios IV. Buch haben.

118 S. Serlio, Tutte l'opere d'Architettura. Venetia 1619, Fol. 193 v und 194 r.

der von nur zwei Platten spricht, welche je 8 zu 4 Fuß messen. — Diese Schwierigkeit könnte mit der Vermutung überbrückt werden, daß Lenoir, als er jene Liste erstellte, die Maße der Platten lediglich aus dem Gedächtnis geschätzt habe. (Er hätte also die Decke — und zwar nur zwei Platten davon — in Écouen wohl gesehen, nicht aber vermessen.)

Vom Stil her besteht aller Grund, die Decke als ein Werk Bullants anzusehen. Diese Sparsamkeit in der Motivwahl, diese Präzision und Schärfe in der Steinmetzarbeit, das Unplastisch-Stereometrische des Reliefs — das wird man außerhalb der Kunst Jean Bullants vergeblich suchen.

Am Eingangsportikus des Schlosses von Écouen hatte diese Decke ihren Platz wahrscheinlich im Vestibül des Erdgeschosses; Ducerceau gibt dort eine Flachdecke an.

Es sei noch darauf hingewiesen, daß die Decke ursprünglich wohl aus insgesamt vier Platten zusammengesetzt gewesen ist. Zwischen der mittleren und der oberen Platte laufen die Mäander und das lesbische Kyma nicht bruchlos ineinander; dort war vermutlich eine vierte Platte eingeschaltet. Die Decke hätte dann insgesamt 354 zu 200 Zentimeter gemessen — was wohl mit der Breite und Tiefe des zerstörten Portikus übereinstimmt.

III. In Écouen werden im Nordflügel im Erdgeschoß des Treppenhauses zwei Architekturbruchstücke aufbewahrt: ein Fragment einer reich skulpierten Tür- oder Fensterrahmung sowie ein konsolartiges Bruchstück. Chevalier[119] teilt mit, daß diese Bruchstücke in einem Bauernhaus in Écouen gefunden worden seien, wo sie als Kaminrahmung gedient hätten. Nach Ansicht Chevaliers wären diese Fragmente Teile eines Rahmens, der am Eingangsportikus die Nische mit dem Reiterbild des Konnetabels eingefaßt hätte. — Dies ist nicht leicht einzusehen; daß die Fragmente aber vom Eingangsportikus stammen, ist nicht auszuschließen.

6. *Der Portikus der Kapelle* (Abb. 29)

Der Haupteingang der Kapelle liegt im Erdgeschoß des Ostflügels. Der Portikus ist erst nach Fertigstellung der Kapelle gebaut worden, und zwar ist die ganze äußere Kapellenwand im Erdgeschoß des Eingangsflügels mit einer Steinschicht verblendet worden (der ursprüngliche Eingang wurde dabei um ein Geringes verkleinert) und mit dieser Wandschicht sind der Portikus selbst und die beiden seitlichen Tafeln verbunden und hervorgebracht worden. Die (gewölbte?) Decke des ursprünglichen Eingangsflügels muß — nach der Bauaufnahme im Skizzenbuch Perciers (Fol. 12; Abb. 29) — höher gelegen haben als die heute bestehende; die Rippen des neugotischen Gewölbes schneiden jetzt häßlich in die Attika des Portikus ein.

---

[119] J.-F. Chevalier, Écouen. La paroisse, le château, la Maison d'éducation. Verailles 1865, S. 141.

Der Portikus ist ein Triumphbogenportal. Die große Bogenöffnung der Tür ist eingefaßt von je einem Paar dorischer Säulen, die auf sehr hohen Sockeln und Piedestalen frei vor der Wand und vor dorischen Pilastern stehen. Ein reiches dorisches Gebälk liegt über diesen Säulen, darauf eine hohe Attika, welche sich in zwei schlanke Pfosten über den äußeren Säulen und einen massiven Block, der die inneren Säulen übergreift, gliedert. Ein niedriger Segmentbogengiebel mit einer Blattrosette in der Mitte faßt die Teile der Attika zusammen.

Die Gesimse und Gebälke der Portikusarchitektur laufen zum Teil in der Wand als Ornament- oder Flachbänder weiter; zwischen die Bänder des Architravs und des Bogenkämpfers sind auf jeder Seite gerahmte Tafeln angebracht, die in Form von Reliefs die Ehewappen Annes de Montmorency und der Madeleine de Savoie enthielten. Diese Wappen sind zu Anfang des 19. Jahrhunderts gelöscht worden, doch braucht nach den sorgfältigen Bauaufnahmen Perciers (auf Fol. 12 und 14 seines Skizzenbuches) an ihrem ursprünglichen Bestand nicht gezweifelt zu werden. — Der Rahmen der Tafeln, ein Flechtbandwulst und ein feiner Palmetten-Blattranken-Fries, entspricht demjenigen der Tür im Vestibül des Eingangsportikus.

Die hölzerne Tür des Kapellenportals war (wiederum nach der Zeichnung Perciers; Fol. 12) reich geschnitzt und mit Kassetten, Diamantquadern, Engels- und Löwenköpfen geschmückt. Erhalten sind davon lediglich die beiden sitzenden, einander zugewandten Genien im Bogenfeld der Tür, die in die neugefertigte Holztür übernommen worden sind.

Von der ursprünglichen Türfüllung und den gelöschten Wappenreliefs abgesehen, ist der Kapellenportikus in einem vortrefflichen Zustand, selbst die ursprüngliche Steinfarbe, ein sehr heller Ocker, ist erhalten.

Die dorische Ordnung des Portikus ist einer dorischen Ordnung vom Forum Boarium nachgebildet. Ob Bullant die antiken Modelle selbst in Rom aufgenommen hat, oder ob er deren Kenntnis der Vermittlung durch die Reproduktionen in Serlios IV. Buch[120] verdankt, das läßt sich kaum entscheiden.

Eine bemerkenswerte Umbildung hat das Gebälk dieser Ordnung erfahren, und zwar sind aus der unteren Faszie des Architravs Mutuli, wie sie sonst zum Kranzgesims gehören, herausgearbeitet, und zwischen diese sind Adler (alerions), das Wappentier der Montmorency, gesetzt. Die Metopen des Frieses haben Stierköpfe, Scheiben (mit einem Rankenornament) und in der Mitte sogar ein geflügeltes Engelsköpfchen.

Ungewöhnlich sind die Proportionen des Portikus. So haben, ein Beispiel zu geben, die Sockel, die Säulenschäfte und die Attika (mit Giebel) etwa die gleiche Höhe. Die Säulen sind also, wenngleich in sich regelrecht proportioniert (1 zu 8), verhältnismäßig sehr klein, besonders in Hinblick auf das große Intervall der Türöffnung. Das dorische Gebälk ist daher zu lang, als daß sich der Eindruck ein-

[120] S. Serlio, Tutte l'opere d'Architettura. Venetia 1619, Fol. 141 v und 142 r. Vgl. Anm. 105.

stellen könnte, es würde von den Säulen „getragen". (Das konstruktive Problem ist dadurch gelöst, daß die einzelnen Steinblöcke in der Mauer verhängt sind; kein scheitrechter Bogen.)

Die Säulen wirken wie eingestellt zwischen die Sockel und das Gebälk, welche, wie die Säulen selbst, in hohem Maße einen schmuckhaften architektonischen Eigenwert haben. Damit hängt zusammen, daß diese Teile und die Bogenöffnung des Portals und die Attika nicht zu einer Kompositionseinheit von innerer Geschlossenheit zusammentreten. Der Portikus ist mit diesen Bestandteilen ja auch nicht als ein vollständiger gegeben, die ganze Stirnwand der Kapelle, soweit sie im Innern des Eingangsflügels erscheint, gehört dazu. Die Gesimse laufen in der Wand weiter, und die Wappentafeln sind, an einer wichtigen Stelle, zwischen das Architrav- und Kämpferband eingehängt. So wird von den Tafeln her ein neuer Zusammenhang zwischen den stark hervortretenden Teilen des Portikus und der in die Wand eingeschnittenen Bogenöffnung in einer eigentümlich reliefhaften Weise hergestellt.

7. *Der Portikus des Westflügels* (Abb. 22)

Dieser kleine Portikus ist der Hoffront des Westflügels nachträglich vorgelegt worden. — Die Passage in der Mitte dieses Flügels hatte an der Außenfront eine schlichte, von einem Korbhenkelbogen überspannte Türöffnung; ein ebensolches Portal, von der Breite des Intervalls der beiden mittleren Lisenen, hat wohl auch an der Hoffront bestanden.

Dieses ursprüngliche Portal ist von einem rundbogigen Portal mit Kämpfer und Archivolte ersetzt worden, und dieses wiederum ist eingefaßt von dorischen Pilastern, vor die, auf gemeinsamen Podesten, je eine dorische Säule gestellt ist. Darauf liegt ein dorisches Gebälk mit einer niedrigen Attika. Den Genien in den Bogenzwickeln sind Trophäen beigegeben — (Du Colombier[121] sieht darin einen Hinweis auf den militärischen Rang des Konnetabels als Befehlshaber von Heer und Marine); die Metopen des dorischen Gebälks sind mit Trophäen und lorbeerumkränzten Scheiben geschmückt.

Der Portikus ist der Wand so vorgelegt, daß die Pilaster (es sind eigentlich „viereckige Säulen") vor den Lisenen stehen und mit diesen sogar im Mauerverband verbunden sind. In die an den Seiten noch hervortretenden Lisenen sind Kämpferplatten eingesetzt, die Lisenen werden also auch zu einem Bestandteil des Portikus gemacht. Ebenso wie jene Pilaster so tritt auch die Stirn des Rundbogenportals verhältnismäßig weit aus der Wandebene heraus, das Portal hat eine entsprechend tiefe Leibung. — Das Gebälk und die Attika dienen als Brüstung eines Balkons, doch ist dieser Balkon nicht leicht zugänglich, da das Fenster nicht zu einer Fenstertür erweitert ist.

---

121 P. du Colombier, Jean Goujon. Paris 1949, S. 47.

Der Portikus ist stark restauriert worden. In den Bauaufnahmen von Percier (Fol. 10) und Baltard[122] ist der ruinöse Zustand um 1800 festgehalten. — Die Genien sind nicht in allen Einzelheiten richtig restauriert worden, gänzlich erneuert wurden Architrav und Fries, die Säulenschäfte sind noch in jüngster Zeit ausgewechselt worden. — Nach Percier (Fol. 10) stand auf dem Architrav die Inschrift der Devise „Aplanos", und in den Metopen waren die Scheiben mit den Rosetten aus rotem Marmor, die umkränzenden Lorbeerzweige aus weißem Marmor gefertigt. Ein originales Trophäen-Relief aus dem Fries ist noch erhalten, es wird in der École des Beaux-Arts aufbewahrt.

Die dorische Ordnung des Portikus ist einem antiken Modell nachgebildet. Bullant publiziert in seinem Architekturtraktat zwei Aufrisse dieser Ordnung (Seite 11 u. 12), und er teilt mit, daß diese zu einem Triumphbogen gehören, der 27 Meilen von Rom entfernt zu sehen sei.

Die dorische Ordnung am Portikus stimmt nicht in allen, aber doch in charakteristischen Einzelheiten mit jenen Bauaufnahmen überein. An der Identität der beiden Ordnungen braucht nicht gezweifelt zu werden. (So ist zum Beispiel die Kehle der attischen Basis als Kombination von Kehle und Wulst gegeben, ohne daß diese durch ein Bändchen voneinander abgesetzt sind — ein recht seltenes Motiv.) Am Portikus hat Bullant die Sima des Kranzgesimses weggelassen, so daß dieses Gebälk mit seiner hohen Korona demjenigen der toskanischen Ordnung angenähert ist.

8. Der Portikus des Südflügels (Abb. 31, 32)

Dieser große Portikus wurde der Hoffront des Südflügels an der Stelle eines schon am Ursprungsbau vorhandenen Eingangs zur großen Treppe dieses Flügels vorgelegt. Da die Treppe nicht genau in der Mitte des Flügels angelegt ist, so ist auch der Portikus aus der Mitte der Front leicht nach links, nach Osten, verschoben. — Die beiden gekuppelten Lukarnen, die noch zum Ursprungsbau gehören, zeigen an, daß sich dort in der Wand ursprünglich zwei Fensterachsen befunden haben; im Portikus ist dieses Motiv in veränderter Gestalt beibehalten worden. Der Portikus reicht bis zu den links und rechts benachbarten Fensterachsen; von den Wandabschnitten dazwischen ist die vordere Mauerschicht entfernt und dahinein die Wand des Portikus gesetzt worden.

Die vier mächtigen korinthischen Säulen des Portikus stehen auf zwei niedrigen blockhaften Sockeln in zwei kurzen und einem langen Intervall frei vor der Wand, das Gebälk, das unverkröpft auf diesen Säulen liegt, erreicht die Höhe des Dachansatzes. Die Wand des Portikus tritt aus der Ebene der Front leicht heraus; diese Wand ist ein Reliefgrund für die davorgestellten Säulen.

---

[122] Baltard et Duval, Paris et ses monuments. Tome II, Paris 1805, Tafel 7.

Diese Wand öffnet sich im Erdgeschoß in zwei zwerghafte rundbogige Türen und darüber in zwei kleine rechteckige Fenster. Mit den hohen Rechteckfenstern des Hauptgeschosses (und weiterhin mit den Lukarnen) sind diese Öffnungen in Fensterachsen senkrecht übereingestimmt. Die Türen und Fenster des Erdgeschosses sind jedoch noch vom Architekturmotiv einer antiken Tempeltür übergriffen und eingefaßt (Abb. 27). (Im Fries des Kranzgesimses dieser Tempeltür sind lorbeerumkränzte Schilde sowie der Konnetabel-Degen dargestellt, in der Mitte ist eine gerahmte Marmortafel mit der Inschrift „Aplanos" angebracht.)

An den Seiten, symmetrisch genau auf die kurzen Intervalle bezogen, sind in die Portikuswand je eine große Nische eingelassen, auf deren vorgezogenen Sockeln die „Gefangenen" (die sogenannten Louvre-Sklaven) Michelangelos aufgestellt waren[123]. Über den Nischen sind schmale gerahmte Tafeln mit der Inschrift der Devisen des Konnetabels „Fidus et verax in justitia judicat et pugnat" (links) und „Armata tenenti omnia dat qui justa negat" (rechts); der Sinnzusammenhang mit den „Gefangenen" ist evident, wenn auch nicht tief.

Die großen hochrechteckigen Tafeln über den Nischen enthielten die Ehewappen Annes de Montmorency (links) und der Madeleine de Savoie (rechts). Die Wappen sind gelöscht worden, erhalten sind lediglich die Wappenschilde und die Degen. Die Wappentafeln sind mit fein skulpierten Lorbeerzweigen geschmückt, und über diesen Wappen sind noch einmal je eine gerahmte aber leere Tafel angebracht. Der Fries des korinthischen Gebälks hat als bedeutenden Schmuck Trophäen und gekreuzte Degen, zwischen denen sich Lorbeerzweige von geradezu unwahrscheinlicher Feinheit und Lebendigkeit ranken. Die Soffitten des Architravs sind als Kassetten mit Eichblattgirlanden gegeben.

Der Portikus ist von hervorragenden Steinmetzen und Bildhauern ausgeführt worden. Die Steinblöcke sind mit großer Präzision zugeschnitten und fast fugenlos zusammengefügt. Die Ornamente sind von seltener Feinheit. — Die Fenstersturze und der Architrav sind als scheitrechte Bögen konstruiert, die Säulen sind aus Trommeln aufgebaut, die senkrecht jeweils noch in zwei Hälften zerlegt sind — dies eine konstruktive Eigenheit, die von den Akademikern der Academie Royale d'Architecture in der Sitzung vom 15. Oktober 1696 mißbilligt worden ist[124].

Der Portikus ist gut erhalten. Die Montmorency-Wappen sind zum Teil entfernt worden, der Sockel der rechten Nische scheint in einer vereinfachten Form erneuert worden zu sein. An einigen Stellen, besonders an dem Relief im Fries, sind Verwitterungsschäden aufgetreten.

---

[123] Es ist nicht genau bekannt, wann die beiden „Sklaven" in den Besitz des Konnetabels gekommen sind; doch wohl aber schon v o r dem Bau des Portikus. — Nach GEBELIN, Les châteaux de la Renaissance, S. 94 Anm. 45 wären sie im April 1550 von Roberto Strozzi nach Frankreich geschickt worden. Charles de TOLNAY, The Tomb of Julius II. Princeton 1954, S. 97 gibt an, R. Strozzi habe sie „after 1546" Franz I. geschenkt.

[124] H. LEMONNIER (Herausgeber), Procès Verbaux de l'Academie Royale d'Architecture. Tome II.

Duval[125] hat darauf hingewiesen, daß die korinthische Ordnung des Portikus derjenigen des Castor-und-Pollux-Tempels (Rom) nachgebildet sei. Das ist erst von Gebelin korrigiert worden; Gebelin[126] hat gezeigt, daß der Kapitelltyp demjenigen der Ordnung des Pantheons entspricht. — Richtig ist aber, daß die Ordnung des Portikus im wesentlichen diejenige des Hadrianeums (Rom) zum Vorbild hat und noch mit ein paar Motiven der Ordnung des Castor-und-Pollux-Tempels versehen ist. Von letzterem stammen der Architrav (Blattrankenfries in der mittleren Faszie) und die Blattranken an der Deckplatte der Kapitelle. Die Säulen sind denen des Hadrianeums nachgebildet — bezeichnend die Basen (attischer Säulenfuß, über dessen unterem und oberem Wulst je noch ein kleinerer Wulst angebracht ist); die Kapitelle gleichen sowohl denen des Hadrianeums als auch denen des Pantheons — ein weitverbreiteter Typus. Das Kranzgebälk ist eine genaue Kopie des Kranzgebälks vom Hadrianeum (Abb. 24).

Der Portikus ist eine Ehrenpforte für Anne de Montmorency, und es bestand die Aufgabe, die Michelangelo-Sklaven in ihm aufzustellen. Das innere Thema des Portikus aber ist: Darstellung einer Hoheits-Architektur in den Formen der antiken Baukunst.

Der bestimmende Baugedanke besteht darin, Säulen und Wand zu trennen, also die kolossalen korinthischen Säulen frei und rein vor die Wand zu stellen — und zwar so, daß die Säulenordnung nicht noch einmal in Gestalt von Pilastern in die Wand projiziert ist.

Die Säulen und das Gebälk stehen in dem elementaren Kompositionszusammenhang einer „rhythmischen Travee", ohne daß aber dieser Zusammenhang zum harmonischen, vollkommen in sich ruhenden Ausgleich gebracht ist. Das wäre durch eine subtile Proportionierung der Intervalle zu erreichen gewesen — ist aber vermieden worden (oder: von vorneherein nicht das künstlerische Gestaltungsproblem), denn jene leichte Disharmonie der Säulenordnung steigert den ornamenthaften Eigenwert der Teile und bewirkt, daß diese Säulenstellung „offen" bleibt für den Zusammenhang mit außer ihr bestehenden Formen, hier vor allem mit der Wand.

Die Wand hat die Aufgabe, den Portikus durch das Motiv der Fensterordnung in die Front einzubinden. Die einzelnen Motive der Wand — die Fensterachsen, die Nischen etc. — sind wohl symmetrisch auf die Säulenordnung bezogen, aber sie bilden mit den Säulentraveen keine Kompositionseinheiten. Das ist ganz deutlich an den Fenstern des mittleren Intervalls, welche mit den Lukarnen im Zusammenhang von Fensterachsen stehen und somit zur Front und zum Baukörper und dann erst zur Säulenstellung gehören. Die Öffnungen des Erdgeschosses sind von jenem Rahmenmotiv einer Tempeltür eingefaßt und übergrif-

125 BALTARD et DUVAL, Paris et ses monuments. Tome II, Paris 1805, S. 13.
226 GEBELIN, Les châteaux de la Renaissance, S. 93/94.

fen — ein die Fensterordnung einschränkendes Moment, doch bleibt auch dieses Türmotiv für sich und wiederum eingebunden in die Fensterordnung, es tritt nicht in einen durch Proportionierung bewirkten Kompositionszusammenhang mit den Säulen.

Ähnliches gilt auch von den Nischen. Auch diese sind stärker dem Wandrelief verhaftet als mit den Säulentraveen zur Baueinheit gebracht.

Jede der beiden Nischen ist in eine ungerahmte Tafel (table d'attente) eingeschnitten[127]; diese Tafel tritt aber nicht aus der Wandebene heraus, sie ist durch eine schmale und seichte Nute lediglich ausgeschnitten (vgl. auch Abb. 18). Der Nischenzylinder und die -kalotte sind von einem Flachband, welches waagerecht die Wand durchläuft, voneinander abgesetzt. Die Nische selbst hat keinen eigenen Fuß; es ist ihr ein Postament vorgelegt, dessen feingestufter Sockel auf dem Postament der Säulen steht, und dessen Faszienprofil in der Wand weiterläuft. Der Block (mit der Marmorplatte) darüber hat genau die Breite des Nischendurchmessers, er ist also mit der Nische so übereingestimmt, daß nicht zu entscheiden wäre, ob er nur vor oder auch in der Nische ruhte (vgl. auch Abb. 18). Darauf das niedrige Postament, auf dem — in und vor der Nische — einer jener Sklaven Michelangelos stand.

Es stehen also sehr verschiedene Bauelemente im Formverband mit der Nische — und zwar in reichster reliefmäßiger Abstufung, die von der Höhlung der Nische bis zu jenem in den Bereich der Säulen vortretenden Postament reicht; die „table d'attente", in die die Nische eingeschnitten ist, ist mit der Wandebene bündig. — Gerade dieses Nischenmotiv ist für die Baukunst Bullants sehr bezeichnend. In der italienischen Architektur gibt es rechteckig gerahmte Nischen — als Elemente einer Komposition; die Verbindung einer planen „table d'attente" mit einer Nische stellt aber ein konsubstanziales Reliefgefüge par excellence dar (vgl. auch Abb. 41).

Solche Formverbindungen spielen auch sonst am Portikus eine große Rolle, und für ihr Zustandekommen ist es von Bedeutung, daß die Bauelemente auf plane, wandparallele Quader, Tafeln, Platten oder Bänder zurückgeführt oder mit solchen verbunden werden. Am Portikus (und an den übrigen Bauwerken Bullants) sind in den Rahmungen und Gesimsen immer wieder köstlich ornamentierte, manchmal ungemein lebendige Profile mit einfachen Flachbändern kombiniert. Das hat einen zweifachen Zweck:

a) Das Ornament wird verselbständigt und isoliert und dadurch in seiner Wirkung gesteigert, sogar monumentalisiert. Gleichzeitig nehmen die planen Bänder und Tafeln selber die Eigenschaft und den Wert von Ornamenten an —

[127] Daß es sich tatsächlich um die Verbindung einer Tafel mit einer Nische handelt, das kann am Eingangsportikus der Brückengalerie von Fère-en-Tardenois leicht eingesehen werden; dort gibt es ebensolche Nischen, die in eine Tafel eingeschnitten sind, und daneben dieselben Tafeln, denen wiederum eine „table d'attente" aufgelegt ist (Abb. 41).

am eindrucksvollsten am Portikus ist da die schmale „table d'attente" über den beiden Fenstern, die von der „Tempeltür" übergriffen werden.

b) Jene Bänder und Platten sind Bestandteile der Wand, oder sie nehmen zumindest Eigenschaften derselben an. Da sie mit den ornamentierten Profilen im Formverband von Rahmen oder Gesimsen stehen, entstehen an diesen Stellen konsubstanziale Formverbindungen in der Art, daß die Elemente (Rahmen, Gesimse) mit der Wand selbst hervorgebracht zu sein scheinen.

Entsprechend diesem Prinzip der Isolierung und reliefmäßigen Einbindung der Bauformen sind auch die kolossalen Säulen mit der Portikuswand verbunden. Sie sind frei vor die Wand gestellt, durch das Gebälk und die Postamente werden sie aber „fest" an die Wand angeschlossen. Der Architrav (und nur dieser) läuft wie ein bewegliches Profilband an den Seiten über die Wand; die Sockel sind mit der Rahmung der Tempeltür zusammengearbeitet.

Die Bauformen des Portikus bestehen in zwei sehr verschiedenen aber einander bedingenden Zusammenhängen: a) als Komposition — jedoch nicht in sich geschlossen oder harmonisch ausgewogen, wodurch der ornamenthafte Eigenwert der Teile stärker hervorgebracht wird; b) als gefügtes Relief — in dem die verselbständigten und isolierten Teile im Sinne von Konsubstanzialität miteinander und mit der Wand fest verbunden sind.

Bemerkung

In seiner „Geschichte der Renaissance in Italien" bemerkt Jacob Burckhardt[128] in einer Fußnote zum Kapitel über die Proportionen: „Es wäre zu wünschen, daß ein Wort existierte, welches ausdrücklich die Verhältnisse (worunter man gewöhnlich bloß Höhe, Breite und Tiefe versteht) und die Plastik zugleich umfaßte."

Ein solches Wort gibt es natürlich nicht. — Da aber das Wandrelief besonders den französischen Renaissance-Baumeistern zum Gestaltungsproblem geworden ist, mußte hier der Versuch gemacht werden, wenigstens in einer Annäherung zu einem Begriff zu kommen. Man könnte sich mit der Bezeichnung „Reliefgefüge" behelfen[129].

Die freigestellten Säulen des Portikus sind als großartige Ornamente gegeben, als Ornamente in jenem großen Sinne, wie er im Laufe der Architekturgeschichte von den Architekten immer wieder erfaßt worden ist — als Hoheitsform. „Die Säule ist eine Hoheitsform, das größtes Hoheitssymbol, welches die menschliche Baukunst kennt." (H. G. Evers[130]). — Und die Säulen sind nicht nur ein Symbol der Hoheit, sondern der „anschauliche Charakter" (Sedlmayr) der Portikusarchitektur gehört insgesamt in den Bereich des Hoheitsvollen.

---

[128] Jacob BURCKHARDT, Die Geschichte der Renaissance in Italien. Herausgegeben von Holtzinger, 5. Aufl. 1912, S. 98.

[129] Nicht unwichtig wäre es, den Begriff der Relief-Einheit bei Hans SEDLMAYR, Die Architektur Borrominis. 2. Aufl. München 1939 näher aufzuklären. — „Die Elementar-Einheiten bei Borromini sind R e l i e f - Einheiten (vom Typus der Travee und Äquivalente)" (S. 88). — „Darin daß seine Kunst durchaus Reliefkunst ist, gehört Borromini noch zu der gesamten vorausgehenden Architektur des 16. Jahrhunderts: in diesem Punkt unterscheiden sich klassische Kunst und Frühbarock nicht" (S. 160).

[130] Hans Gerhard EVERS, Tod, Macht und Raum als Bereiche der Architektur. München 1939, S. 96.

Von daher kann auch noch einmal die Bedeutung der Stereometrisierung der Bauformen — von den prachtvollen Säulenpostamenten bis in die Details der Profile — ermessen werden. Neben seiner isolierenden, im Wandrelief aber verbindenden Funktion teilt das Unplastisch-Stereometrische dieser Architektur etwas Unlebendiges, dafür aber Kristallinisch-Hartes, ja Edelsteinhaftes mit, und das läßt sie dem unmittelbaren „Begreifen" entzogen sein. Sie ist menschlich-fern, weniger festlich als feierlich, das Hoheitsvolle ist Erhabenheit.

* *
*

„Das Ornament", sagt Georg Dehio[131], „hat seiner Natur nach kein selbständiges Dasein, es kommt nur an und mit anderen Dingen vor, dem menschlichen Körper, einem Gewebe, einem Gerät, einem Bauwerk, deren inneres Leben es formsymbolisch zu erläutern hat. Im Laufe der Entwicklung aber lockert sich dies Verhältnis: das Ornament trennt sich von seinem ursprünglichen Boden, läßt sich von einer Kunstgattung auf die andere, von einem Stilsystem auf ein anderes übertragen. Anders werden sich dabei organische, anders abgeleitete Stile verhalten. Die Gotik als ein organischer Stil hatte ihr Ornament in strengste Beziehung zum architektonischen Kräftespiel gesetzt. Die Spätgotik bekundete ihr andersgeartetes Wesen durch seine Verselbständigung. Diesen Grundsatz nahm die nordische Renaissance auf und führte ihn weiter." —

In der Architektur Jean Bullants hat sich das Bauornament (hier im weitesten Sinne verstanden) verselbständigt, isoliert — derart, daß es nicht das Architektonische interpretiert sondern dieses selbst repräsentiert. Das Ornamentale und das Monumentale in einem zu geben: das war möglich durch Beschränkung und Strenge in der Motivwahl — (wo sonst könnte eine schlichte Platte wie eine köstliche Zierform erscheinen?) — und es geschah unter Verzicht auf Harmonie und Eurythmie.

Man versteht, daß sich im Urteil über Bullants Baukunst stets zugleich Bewunderung und Befremden ausdrücken mußte — Bewunderung für die Feinheit der Einzelform, Befremden über das Unharmonische der Komposition.

Sehr begeistert Percier[132]: „... Mais quels détails! Je n'ai jamais vu parmi les modernes de mieux faits; ils pourraient figurer à côté des beaux antiques ..."

Geymüller[133] hat schon etwas Spezifisches der Architektur Jean Bullants gesehen: „In den Profilierungen am kleinen Schloß zu Chantilly ist Bullant mit keinem seiner Zeitgenossen zu verwechseln. Sie zeigen den ganz eigenartigen

---

[131] Geschichte der deutschen Kunst, Bd. III. Berlin 1931, S. 259.
[132] Jeanne Duportal, Charles Percier, architecte. Paris 1931, S. 35.
[133] H. von Geymüller, Die Baukunst der Renaissance in Frankreich. Band II, Stuttgart 1901, S. 140—141.

Reiz einer kräftigeren und festeren Gestaltung gewisser Glieder und zugleich einer außerordentlichen Feinheit in der Art und Weise, wie einzelne Glieder vor den anderen vorspringen. Das besonders scharfe Hervorheben der Kanten und der ebenen Flächen läßt die gekrümmten wie von schön anschwellender Fülle belebt erscheinen. Die mit Ornamenten sculpirten Glieder der Gesimse sind mit glatten derart gruppiert, daß die Zeichnung der ersteren klarer und wirkungsvoller, diejenigen der glatten Glieder noch glatter und fester erscheinen."

Geymüller sagt aber auch: „Es läßt sich nicht leugnen, daß die beiden Portalbauten und die Loggia am Schloß von Écouen in der Composition von Gesuchtem und Erzwungenem nicht ganz frei sind; sie zeigen eine etwas störende Vereinigung von Öffnungen, deren sehr verschiedene Größe trotz ihres Zusammenhanges mit den dahinter befindlichen Treppenanlagen nicht immer hinreichend verständlich ist. Ungeachtet dieser unbefriedigenden Seite erwecken auch diese Kompositionen das Interesse des Architekten lebhaft; denn Banalität ist ihnen fern."

„Rührt das Gesuchte an den Portalen zu Écouen und das Unlogische der Composition am kleinen Schloß zu Chantilly von einem Mangel an Sinn für Gesamtharmonie oder von Bullants Bewunderung für die antiken Säulenordnungen her, sowie von dem Wunsche, letztere möglichst oft zu benutzen, selbst dort, wo sie mit der gewählten Disposition nicht ganz in Einklang zu bringen war?" — —

Dieser Widerspruch zwischen der Einzelform und der Komposition besteht aber in der Architektur Bullants nur scheinbar, denn — um es in der Paraphrase eines Satzes auszudrücken, mit dem W. Messerer[134] eine Eigenschaft der romanischen Plastik beschrieben hat: diese Architektur ist ganz gegenständlich insofern, als das gestaltete Ding schon die Wirklichkeit des Kunstwerkes gibt.

Das heißt hier: Durch Verzicht auf geschlossene, harmonisch ausgewogene Komposition kann die Einzelform in ihrer Eigenschaft, Ornament zu sein, gesteigert werden; damit die Einzelform in hohem Maße als Ornament wirken kann, muß sie in äußerster Feinheit hergestellt sein — sie wäre sonst banal (wofür mancher Reflex dieser Baukunst in den Dorfkirchen der Ile-de-France ein Zeugnis ist). — Die ornamenthafte Schönheit der einzelnen Bauform ist also schon ein Ziel der Architektur des Jean Bullant.

Und es gilt diese Kennzeichnung einer Vereinzelung des Ornaments sowohl für die einzelnen Bauelemente als auch für die übergeordneten Einheiten, selbst für ganze Bauwerke. Die Portiken und die Loggia sind zwar „fest" mit ihren Fronten verbunden, sie gestalten diese aber nicht; sie bleiben innerhalb der Fronten isoliert und treten auch im Hof nicht in räumliche Kommunikation. Bullant hat nicht den Versuch gemacht, durch axiale Übereinstimmung der Portiken den Hof als Platz zu gestalten. — Das Einzelne wird „groß" und „bedeutend" ge-

[134] Wilhelm Messerer, Romanische Plastik in Frankreich. Köln 1964, S. 36.

geben, und so erscheinen diese Bauwerke wie monumentale, ja kolossale Kleinarchitekturen. Die astronomische Säule des Hôtel de Soisson und jener Entwurf eines Herzgrabmals für Anne de Montmorency[135], in dem eine „Sphäre", ein Himmelsglobus, zum Monument erhoben wird, stecken die äußersten Grenzen einer solchen Baukunst ab.

Die Gegenständlichkeit dieser Architektur hängt eng zusammen mit Bullants Antikenrezeption. Jean Bullant gewinnt die Elemente seiner Baukunst im wesentlichen nicht aus der zeitgenössischen italienischen Renaissance-Architektur, die Quellen, aus denen er schöpft, sind die antiken Bauwerke in Rom selbst und die Regeln des Vitruv, die jedoch schon in der Umsetzung Serlios aufgenommen werden. Und die dort gefundenen Bauformen verwendet Bullant in exakten Kopien, als solche erscheinen sie in seinen Bauwerken.

Es trifft, mit einer Unze Salz, auf Bullant genau das zu, was H. G. Evers[136] in einer Abhandlung über den Historismus des 19. Jahrhunderts vom historischen Künstler sagt: „Der historische Künstler will die historischen Stile wie Kostbarkeiten, wie Reliquien, sammeln und zur Geltung bringen. Er will sie, wie Edelsteine, in Gold fassen, er will sie einsetzen in eine Konzeption, die durchaus die s e i n e ist."

Und welches war s e i n e Konzeption? — Reliefgefüge in der Gestaltung, Hoheitsarchitektur in der Gestalt. Wurzelnd in der Vergangenheit des französischen Bauens, wies er ihm, da er die Antike als ornamental u n d monumental begriff, auch einen Weg in die Zukunft.

---

[135] Vgl. J. S. Byrne, Monuments on Papers. In: The Metropolitan Museum of Art. Bulletin, summer 1966, S. 24—29, Abb. 3. — Byrne hat diese Zeichnung des Metropolitan Museums überzeugend Jean Bullant zugeschrieben und ins Jahr 1573 datiert.

[136] Hans Gerhard Evers, Historismus. In: Historismus und bildende Kunst, München 1965, S. 34.

VIII. Bibliographie

a) Das Schrifttum zum Schloß von Écouen, zu Jean Bullant und zu den Montmorency

ADHEMAR, Jean, Compléments de l'inventaire du fonds français du Cabinet de Etampes de Paris. In: Bibliothèque d'Humanisme et Renaissance, tome XXI, 1959, S. 468—470 (btr. Ankauf eines Kupferstichs von Jean Bullant).

ANDROUET DU CERCEAU, Jacques, Les plus excellents Bastiments de France. 2 Bde., Paris 1576 bis 1579 (Écouen: Band II).

BAILLARGEAT, Réne, Vie et œuvre des seigneurs de Montmorency. — L'église collégiale Saint-Martin de Montmorency. Paris 1959.

BAUCHAL, CH., Nouveau Dictionnaire biographique et critique des architectes français. Paris 1887 (Bullant: S. 83—86).

BALTARD ET DUVAL, Paris et ses monuments, mesurés, dessinés et gravés par Baltard, avec des descriptions historiques par M. Aumary Duval. 2 Bde. Paris 1803—1805.

BATIFOL, Louis, Les traveaux du Louvre sous Henri IV d'après des nouveaux documents. In: Gazette des Beaux-Arts 1912, S. 173—190.

BEAULIEU, Michèle, Le tombeau de Connétable Anne de Montmorency. In: Revue du Louvre, 1964, S. 110—114.

BERTOLOTTI, Artisti Francesi in Roma nei secoli XV, XVI e XVII. Mantova 1886 (Bullant S. 27).

BERTY, Adolphe, Les grands architectes de la Renaissance. Paris 1860.

BLUNT, Anthony, Art und Architecture in France 1500 to 1700. London 1953 (S. 91—94).

BONNEVILLE DE MARSAGNY L., Madame Campan à Écouen. Paris 1879.

BRANTOME, Pierre de Bourdeille (Abbé de Brantôme), Les vies des hommes illustres et des grands capitaines françois. 4 Bde., London 1793 (Anne de Montmorency: Band II, S. 62—162).

BRASSIER, Leon, Histoire des Maisons d'éducation de la Légion d'Honneur. Paris o. J.

BROGLIE, Raoul de, Chantilly. Histoire du château et ses collections. Paris 1964.

BYRNE, J. S., Monuments on paper. In: The Metropolitan Museum of Art Bulletin, summer 1966, S. 24—29 (Zuschreibung der Zeichnung eines Herzgrabmal-Entwurfs an Jean Bullant).

CHEVALIER, Abbé Jacques-Ferdinand, Écouen. La paroisse, le château, la Maison d'éducation. Versailles 1865.

CHRIST, YVAN, La plus pure chapelle Renaissance. In: Connaissance des Arts, Nr. 90, Aug. 1959, S. 76—83 (btr. die Kapelle des Schlosses von Montigny-sur-Aube, angeblich ein Werk Bullants).

CIPRUT, Edouard-Jacques, Un architecte inconnu du Connétable de Montmorency. In: Bulletin de la Société de l'Histoire de l'Art français, 1959, S. 205—214.

COLOMBIER, Pierre du, La chapelle d'Écouen. In: Gazette des Beaux-Arts, Feb. 1936, S. 79—94.

COLOMBIER, Pierre du, Le Mausolée du Connétable en l'église Saint-Martin de Montmorency. In: Humanisme et Renaissance, tome III, fasc. 21, 1936.

COLOMBIER, Pierre du, Jean Goujon. Paris 1949.

COURAJOD, Louis, Notice sur un faux portrait de Philibert Delorme. In: Memoires de la Société nationale des Antiquaire de France, 4e série, tome 8e, Paris 1877, S. 67—84.

COURAJOD, Louis, Alexandre Lenoir, son journal et le Musée des Monuments français. 3 tomes, Paris 1878—1887.

COURAJOD, Louis, Une œuvre inédite de Jean Bullant ou de son école. In: L'Art, Juli 1880.

COURAJOD, Louis, Les débris du Musée des Monuments français à l'Ecole des Beaux-Arts. In: Bulletin monumental, 1885, S. 169—190.

CRIPS-DAY, Le Monument funéraire du cœur d'Anne de Montmorency. In: Gazette de Beaux-Arts, 1928, S. 62—74.

DARGENVILLE, Voyage pittoresque des environs de Paris. 3. Aufl. Paris 1768 (Ecouen: S. 405).

DECRUE, François, Anne de Montmorency sous François Ier. Paris 1885.

DECRUE, François, Anne de Montmorency sous Henri II, François II et Charles IX. Paris 1889.

DESORMEAUX (Joseph-L. Ripault), Histoire de la Maison de Montmorency. Paris 1764 (Anne de Montmorency: tome II).

DIMIER, L., Le Primatice, peintre, sculpteur et architecte des rois de France. Paris 1900.

DORAT, J., Epitaphes sur le tombeau de haut et puissant Anne, duc de Montmorency. Paris 1567.

DUBOIS, Pierre, Monuments et sites de Picardie. In: Notre Picardie, 1910, S. 29—34.

DUCHESNE, André, Histoire généralogique de la Maison de Montmorency et de Laval. Paris 1624.

DURAND, Georges, L'Art de la Picardie. Paris 1913.

DUSEVEL, Recherches historiques sur les ouvrages éxécutés dans la ville d'Amiens par des maîtres de l'œuvre, maçons entailleurs de pierres, peintres, verriers, brodeurs, orfèvres et fondeurs, pendant le 14e, 15e et 17e siècle. Amiens 1858.

DUTOCQ, V. A., Château d'Écouen, Relève et essai de restauration. In: Moniteur des Architectes, 1891, Abb. 20—28 (enthält 9 Bauaufnahmen des Schlosses; kein Text).

DUVAL siehe BALTARD et DUVAL.

ENLART, C., Jean Bullant. In: Thieme-Becker Künstlerlexikon. Bd. V, 1911, S. 216—217.

FELIBIEN, D. Michel, Histoire de la ville de Paris. 5 vol., Paris 1725 (Über Ecouen etc. vgl. tome I, S. 148 b u. 752 b, tome II, S. 575 a, tome V, S. 11).

FORT, Léon, Les statuettes du portail de l'église de l'Isle-Adam. In: Memoire de la Société de l'Histoire et d'Archéologie, Pontoise en Vexin, tome XLVII, 1938, S. 59—64.

FREART, Roland Sr. de Chambray, Parallèle de l'architecture antique avec la moderne. Paris 1650.

GALLET, chanoine A., Peintures murales au château d'Écouen. In: Réunion des Sociétés des Beaux-Arts des Départements, tome VI, 1882, S. 89—95.

GALLET, chanoine A., Mémoire sur la situation de Iticiniscoa, localité mentionnée dans une charte de Dagobert. — Les peintures du château d'Écouen. In: Commission de l'inventaire des richesses d'art. S. 103—112.

GANIER, Germaine, Le château d'Écouen. Rouen o. J. (1950).

GEBELIN, François, Les châteaux de la Renaissance. Paris 1927.

GEBELIN, François, Les châteaux de France. Paris 1962.

GEYMÜLLER, Heinrich von, Die Baukunst der Renaissance in Frankreich. 2 Bde. Stuttgart 1898—1901.

GOLSON, L. M., Landscape prints and landscape of the school of Fontainebleau 1543—1570. In: Gazette des Beaux-Arts, Feb. 1969, S. 95—110 (über die Wandmalereien in Écouen bes. S. 102).

GOSSELIN, E., Glanes historiques normandes à travers les XVe, XVIe, XVIIe et XVIIIe siècles. Documents inédits. Rouen 1869.

HELIOT, Pierre, (Dokumente zum Mausoleum Annes de Montmorency). In: Bulletin de la Société nationale des Antiquaires de France, 1946, S. 183—187.

HELIOT, Pierre, Eléments d'un répertoire des maître-maçons artésiens et picards (XIe—XVIe siècles). In: Revue du Nord, tome XXXIII, 1951, S. 142—148.

HAUTECŒUR, Louis, Écouen. In: Congrès de la Société française d'Archéologie, 1934, S. 383—389

HAUTECŒUR, Louis, Histoire de l'Architecture classique en France. Tome I, Vol. I und II: La formation de l'idéal classique. Paris 1963 und 1965.

HAUPT, Albrecht, Die Baukunst der Renaissance in Frankreich und Deutschland. Berlin 1923.

JAMES, François-Charles, Jean Bullant; Recherches sur l'architecture française du XVIe siècle. In: École Nationale des Chartes. Position des thèses soutenues par les élèves de la promotion de 1968 pour obtenir le Diplome d'Archiviste Paléographe. Paris 1968, S. 101—109.

JAL, A., Dictionnaire Critique de Biographie et d'Histoire. Paris 1867 (Bullant: S. 293).

LABORDE, Léon de, La Renaissance des arts à la Cour de France. 2 Bde. Paris 1850—1855 (Bullant: S. 453, 456, 462, 535).

LABORDE, Léon de, Les comptes des bâtiments du roi (1528—1571) suivis des documents inédits sur les châteaux royaux et les beau arts au XVIe siècle. 2 Bde. Paris 1877—1880.

LACROIX, P., Rapport sur les documents envoyés par MM. Dusevel, l'Abbé Giraud etc. In: Revue des Sociétés Savantes, 3e série, tome II, 1863, S. 257—263.

LASTERRIE, F. de, Un grand seigneur du XVIe siècle, le connétable de Montmorency. In: Gazette des Beaux-Arts, 2e période, 1879, tome XIX, S. 305—320 und tome XX, S. 97—114.

LAPEYRE, André, L'église de Montmorency. In: Bulletin monumental, tome 109, 1951, S. 408—419.

LE LABOUREUR, Jean, Les tombeaux des personnes illustres avec leurs éloges, généalogies, armes et devises. Paris 1642 (zum Herzgrabmonument Annes de Monmorency vgl. S. 58—87).

LE LABOUREUR, Jean (Mémoires de Castelnau). 2 vol. Paris 1659. (Zum Mausoleum Annes de Montmorency vgl. tome II, S. 510 u. 548.)

LEBEUF, Abbé Jean, Histoire de la ville et de tout le diocèse de Paris. Paris 1754—1758. (Neuauflage in 7 Bänden Paris 1883—1893; zu Ecouen und Bullant vgl. dort tome I, S. 153, 595, 620; tome II, S. 180—188).

LEMONNIER, Henry (Herausgeber), Procès Verbaux de l'Académie Royale d'Architecture 1671—1793. 9 Bände, Paris 1911 ff.

LEMONNIER, Henry, La Galerie de Psyché au château de Chantilly. In: Gazette des Beaux-Arts, Mai 1928.

LENOIR, Alexandre, Traité historique de la peinture sur verre. Paris 1803.

LENOIR, Alexandre, Musée des Monuments français. 8 Bde. (Zu Bullant und Écouen vgl. tome III, 1802, S. 123, Tafel 118 u. 119, tome IV, S. 86—107, tome V, 1806, S. 1—7, Tafel 168 und 171.)

LÜBKE, Wilhelm, Geschichte der Renaissance in Frankreich. 2. Aufl. Stuttgart 1885.

M***, Guide du visiteur au château d'Écouen. Notice historique et descriptive. Paris 1846.

MACON, Gustave, Les architectes de Chantilly au XVIe siècle. Senlis 1900.

MACON, Gustave, Chantilly. Paris 1924.

MAGNE, Lucien, L'œuvre des peintres verriers français. Verriers des monuments élévés par les Montmorency. Montmorency — Ecouen — Chantilly. Paris 1885.

MALO, Henri, Les chroniques du château de Chantilly. Paris 1934.

MALO, Henri, Les boiseries de la chapelle d'Écouen. In: Bulletin de la Société d'Histoire de l'Art français 1941—1944, S. 90—99.

MIROT, L., L'Hôtel et les collections du Connétable de Montmorency. In: Bibliothèque de l'École des Charles, tome XXX, 1919, S. 361.

MONTAIGLON, A. de, Jehan Bullant, architecte. (Compte de dépenses faites aux Tuileries ...) In: Archives de l'art français, tome V, Documents, 1857—1858, S. 1—13.

MONTAIGLON, A. de, Jean Bullant, architecte du Connétable de Montmorency. Actes extraits des Registres de la Mairie à Écouen — 1556—1578. In: Archives de l'art français, tome XI, S. 305—339.

MOREAU-NELATON, Etienne, Histoire de Fère-en-Tardenois. 2 Bde. Paris 1911.

PALISSY, Bernard, Architecture et ordonnance de la grotte rustique de Monsieur de duc de Montmorency, Connestable de France. La Rochelle 1563. Neudruck Paris 1919 (E. Rahir).

Palustre, Léon, La Renaissance en France. 3 Bde. Paris 1879—1881—1889 (über Ecouen Bd. II, S. 48—62).
Palustre, Léon, L'architecture de la Renaissance. Paris 1892.
Piganiol de la Force, Description de Paris, de Versailles, de Marly, de Meudon, de S. Cloud, de Fontainebleau, et de toutes les autres belles Maisons & Châteaux des environs de Paris. Paris 1742 (über Écouen: tome VIII, S. 159—160).
Plouin, R., En Parisis au seizième siècle. In: L'Information d'Histoire de l'Art, 1957, S. 56—72 (Écouen S. 58—62).
Potier, André, Histoire de la faïence de Rouen. Rouen 1870.
Prudent, H., Le château d'Écouen. In: L'Architecte, Jan. 1922, S. 5—6.

Quatremere de Quincy, Encyclopédie Méthodique d'Architecture. Paris 1788 (Bullant: tome I, S. 345—349).

Robert-Dumesnil, Peintre-graveur français. 11 vol. Paris 1835—1871 (Beschreibung eines Kupferstiches von Bullant, auf dem zwei Kapitelle dargestellt sind; vgl. tome VI, S. 39—41).
Rouyer et Darcel, L'art architectural en France depuis François Ier jusqu'à Louis XVI. 2 Bde. Paris 1866—1867 (enthält auch Bauaufnahmen von Écouen: tome I, S. 45—49, tome II, S. 5).
Roy, Maurice, La famille de Jehan Bullant. In: Revue du XVIe siècle, tome V, 1917—1918, Paris 1919.
Roy, Maurice, Artistes et monuments de la Renaissance en France. 2 Bde. Paris 1929—1934.
Ruble, A. de, François de Montmorency. In: Mémoire de la Société d'Histoire de Paris et de France, tome VI, 1880, S. 200—289.

Sauval, Henri, Histoire et recherches des antiquités de la ville de Paris. 3 Bde. Paris 1724.

Tafuri, Manfredo, L'Architettura del Manierismo nel Cinquecento europeo. Roma 1966 (Bullant: S. 269, 285/86).
Tesson, L., Colonne de l'Hótel de Soissons, Fontaine de la halle au blé. In: Commission du Vieux Paris, Procès Verbaux 1916, S. 144—147.

Vacquier, J., L'Ile de France, Anet, Dampierre, Écouen, notices historiques et descriptives, Paris 1922.
Vitry, Paul, Jean Goujon. Paris o. J.
Vitry, Paul, L'Architecture de la Renaissance en France. In: André Michel, Histoire de l'Art, tome IV, 1911, S. 491—571.

Ward, W. H., French châteaux and gardens in the XVIth century. London 1909 (Écouen: S. 18, Tafel 11 u. 12).
Ward, W. H., The Architecture of the Renaissance in France. 2 Bde. London o. J.

(Zeiller), Topographia Galliæ. 4 Bde. Amsterdam 1660—1663. (Écouen: Bd. I, S. 349, 2 Stiche von Sylvestre.)

Katalog der Ausstellung „Anne de Montmorency", Chantilly 1967.
Katalog der Ausstellung „Anne de Montmorency et son temps 1493—1567", Paris 1969.

b) Die Schriften Jean Bullants

1. Recueil d'horologiographie, contenant la description, fabrication et usage des horloges solaires, par Jehan Bullant ... Paris 1561.
2. Petit traicté de géométrie et d'horologiographie pratique, par Jehan Bullant ... Paris 1562.
3. Reigle généralle d'architecture des cinq manières de colonnes, à sçavoir, Tuscane, Dorique, Ionique, Corinthe, & Composite, à l'exemple de l'antique suivant les reigles & doctrine de Vitruve. A Escouen par Iean Bullant. Paris 1564.

4. Reigle généralle d'Architecture des cinq manières de colonnes, à sçavoir: Tuscane, Dorique, Ionique, Corinthe et Composite; et enrichi de plusieurs autres à l'exemple de l'antique. A Escouen, par Jehan Bullant. Paris 1568.

c) Unveröffentlichte oder nur teilweise veröffentlichte Bauaufnahmen von Écouen.

1. Das Skizzenbuch von Charles PERCIER aus dem Jahre 1794 (Compiègne, Musée Vivenel, Inventar-Nr. 6022).
2. Die Bauaufnahmen von A. LION aus dem Jahre 1841 (Paris, Bibliothek der „Monuments Historiques", Inventar-Nr. 2865—2869) (siehe Abb. 3—10).

Fotonachweis

Archives Photographiques, Paris: Abb. 1—10, 29, 30.
Die übrigen Aufnahmen vom Verfasser.

Personen und Orte

Erläuternde Hilfsbegriffe

BILDTAFELN

1

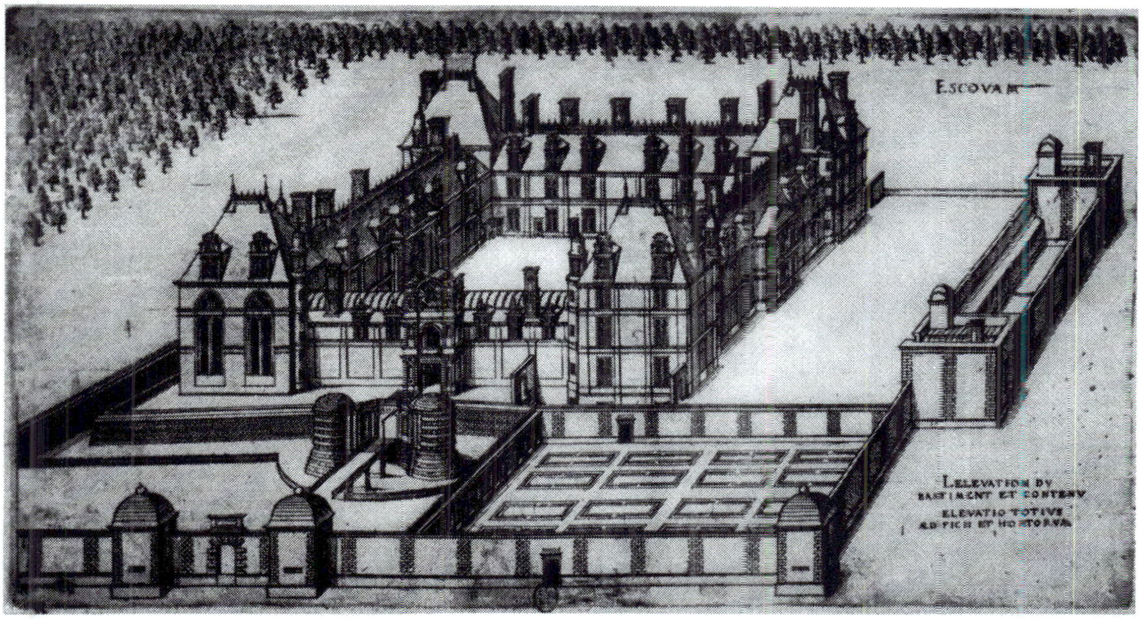

2

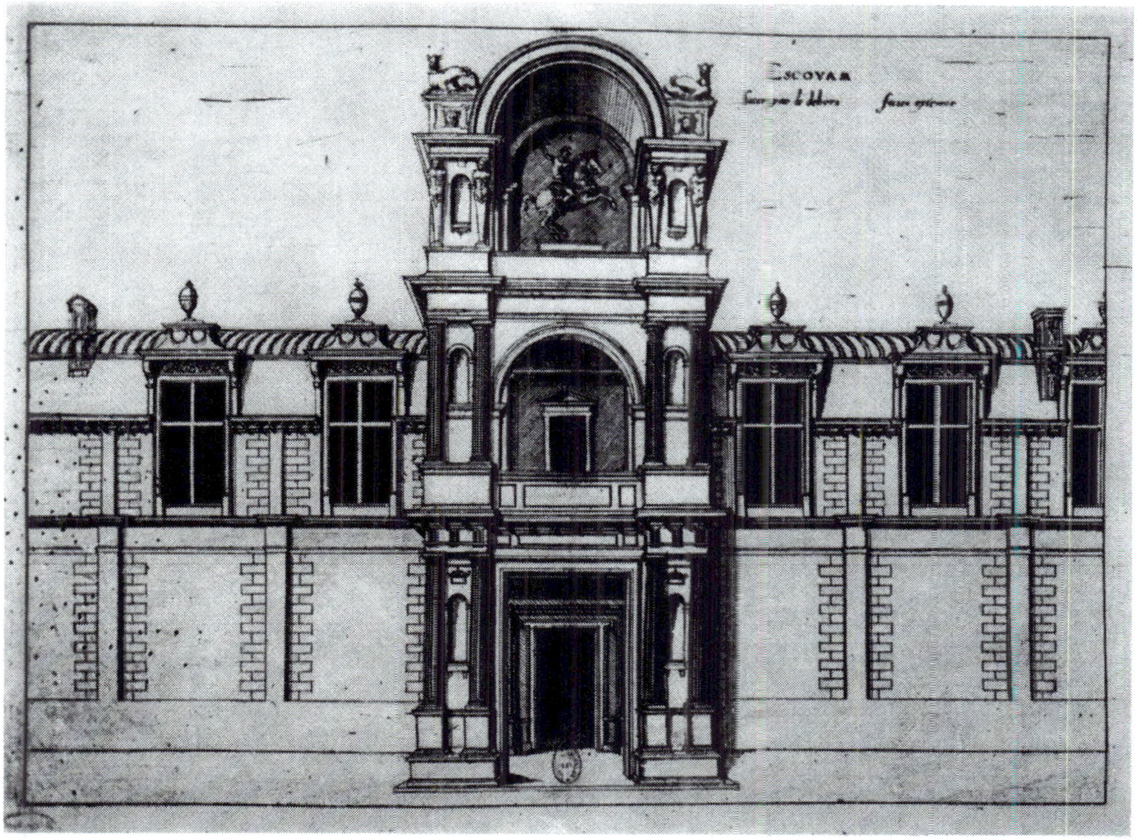

1. Gesamtansicht aus der Kavaliersperspektive. Nach Ducerceau.

2. Ostflügel und Eingangsportikus. Nach Ducerceau.

3

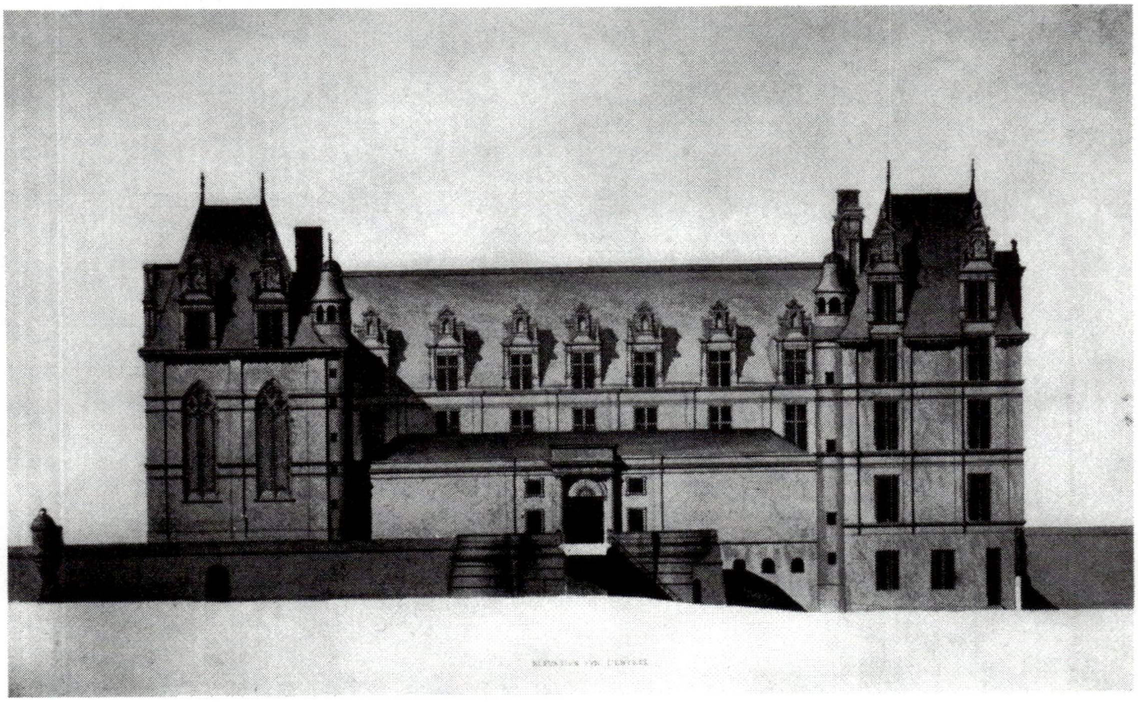

4

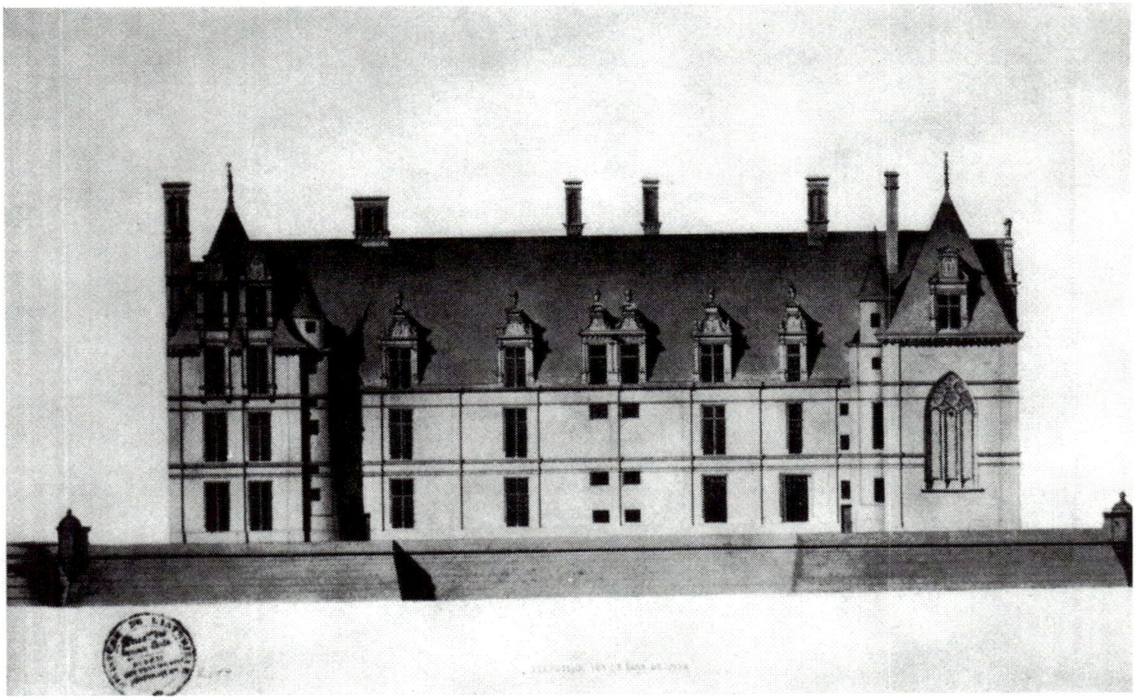

3. Ostfront. Nach Lion, 1841.

4. Südfront. Nach Lion, 1841.

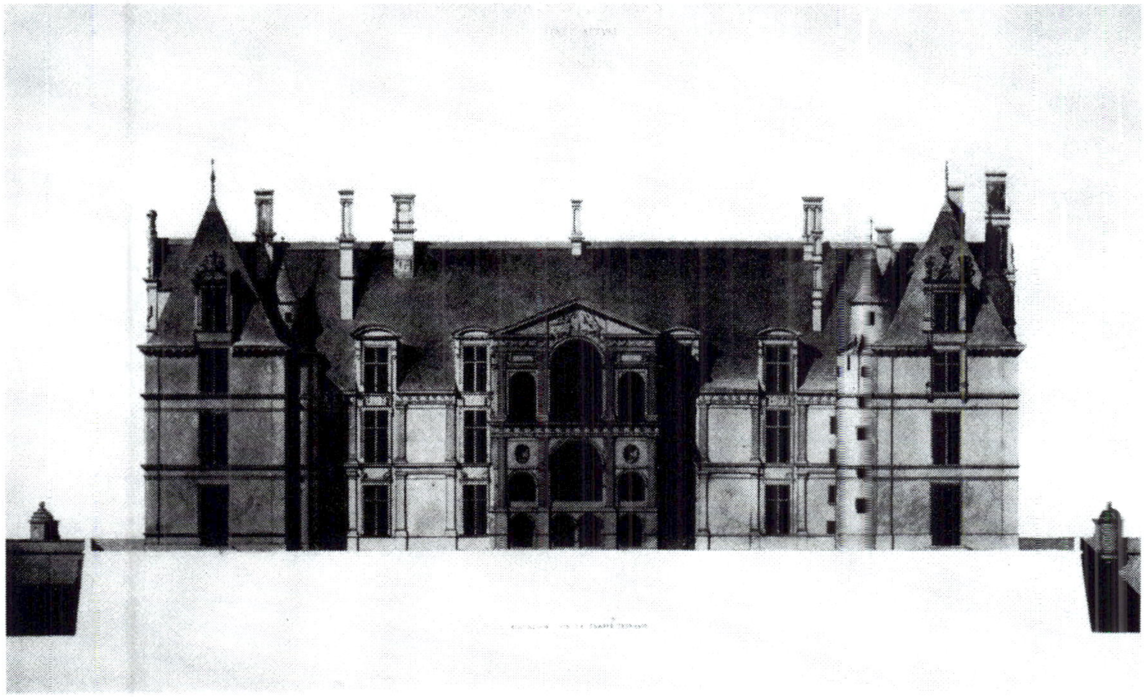

5

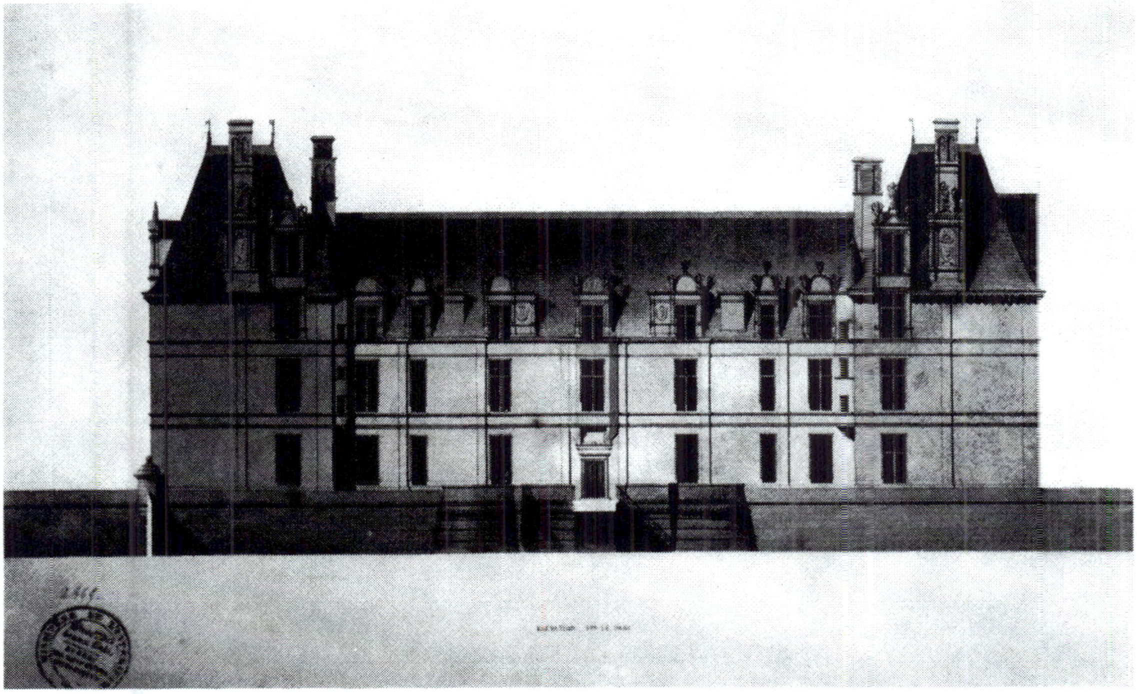

6

5. Nordfront. Nach Lion, 1841.

6. Westfront. Nach Lion, 1841.

7
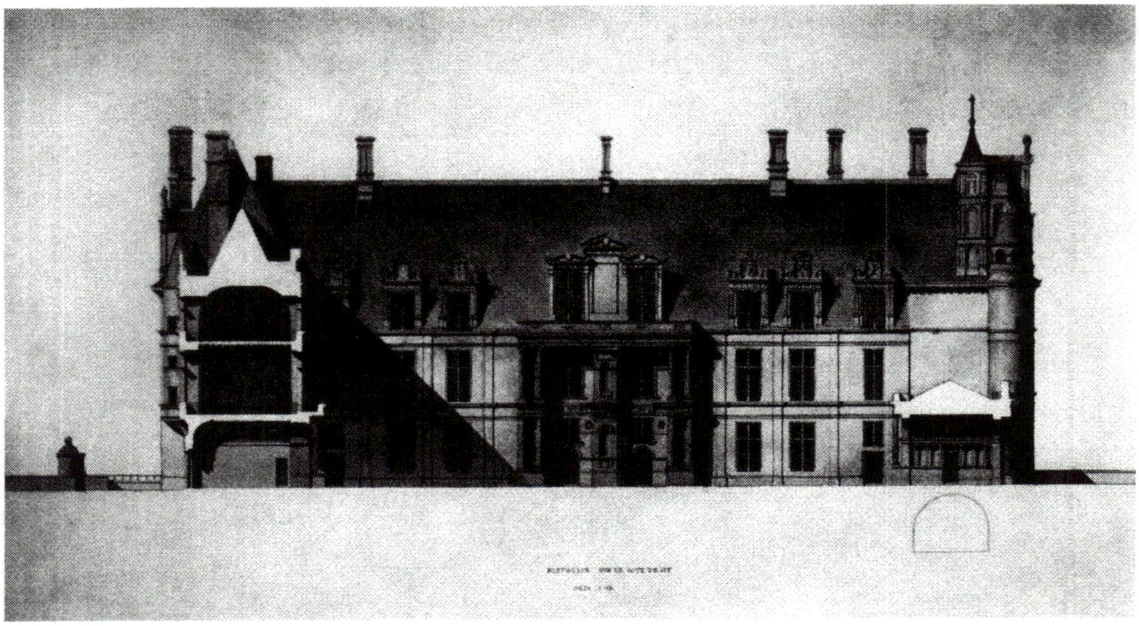

8
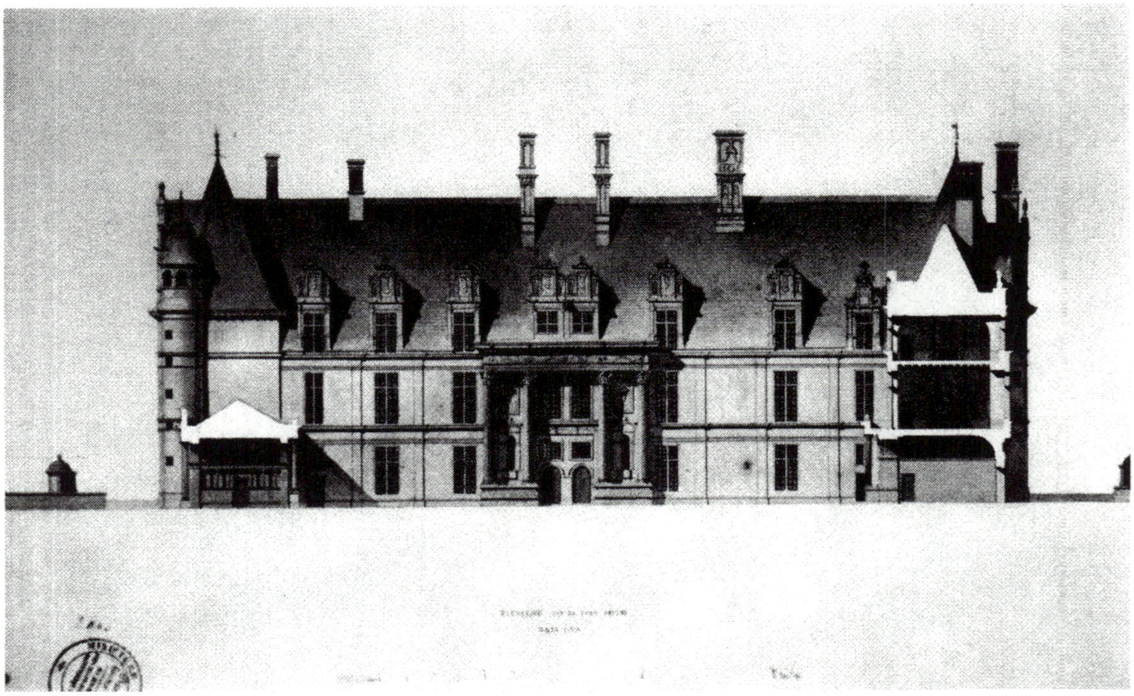

7. Hoffront des Nordflügels. Nach Lion, 1841.

8. Hoffront des Südflügels. Nach Lion, 1841.

9
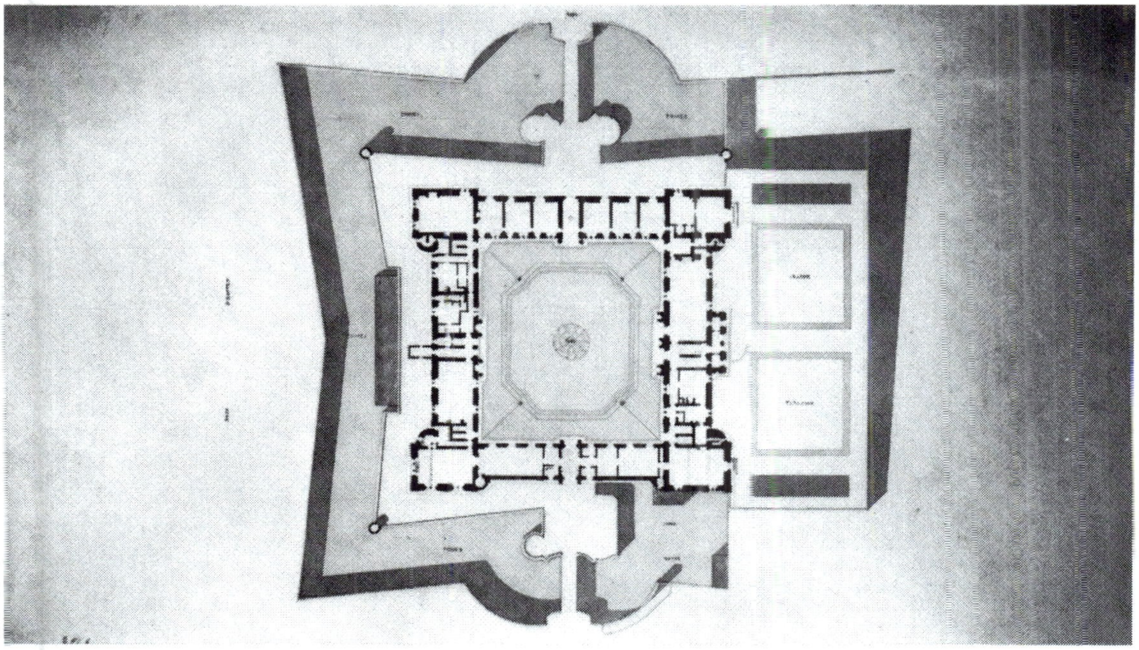

10
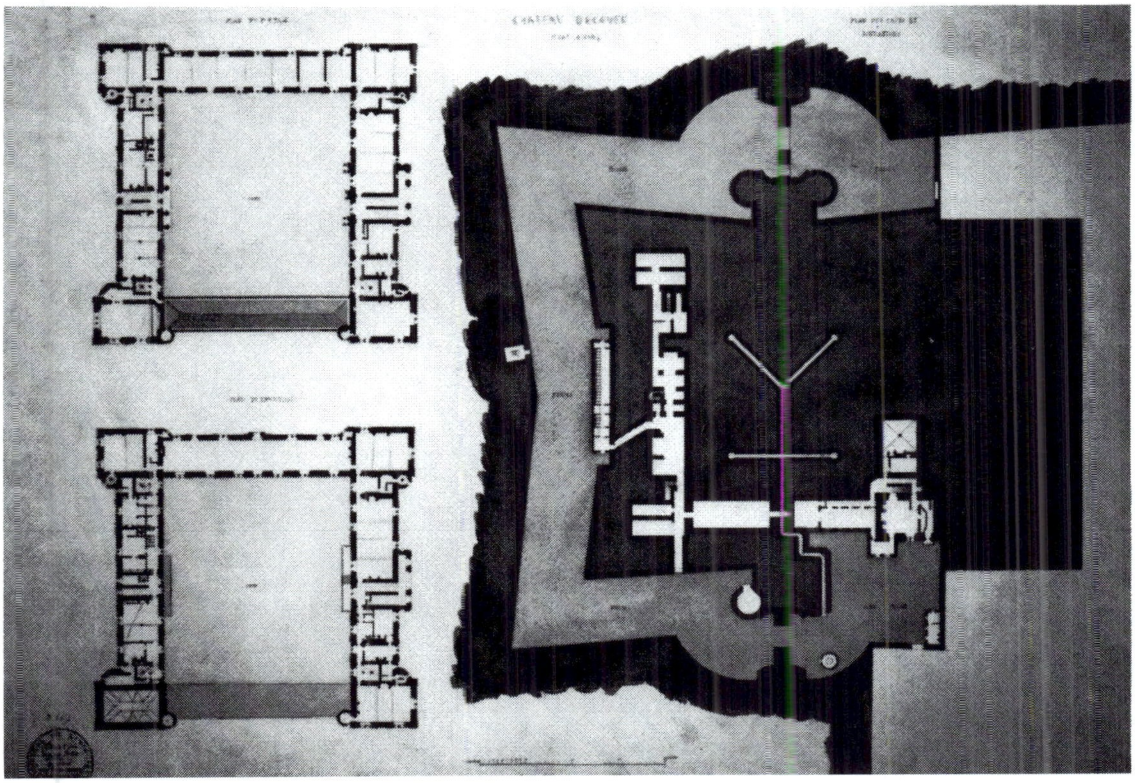

9. Grundriß des Erdgeschosses. Nach Lion, 1841.

10. Grundrisse der ersten und zweiten Etage und des Kellers. Nach Lion, 1841.

11

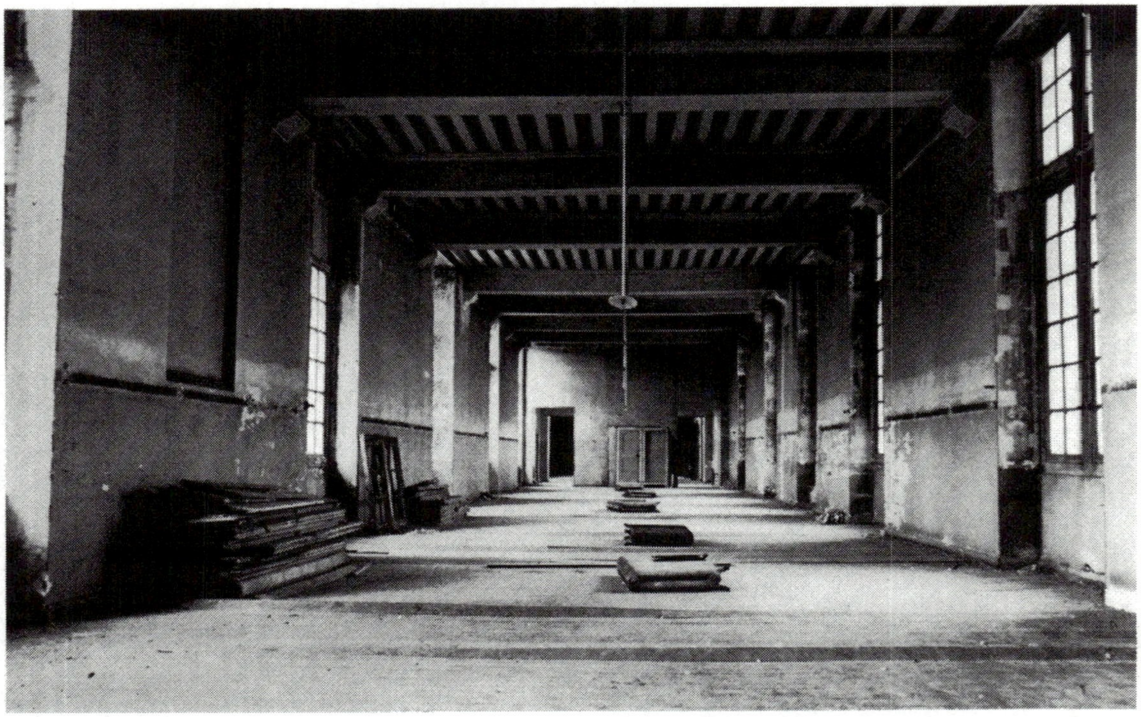

12

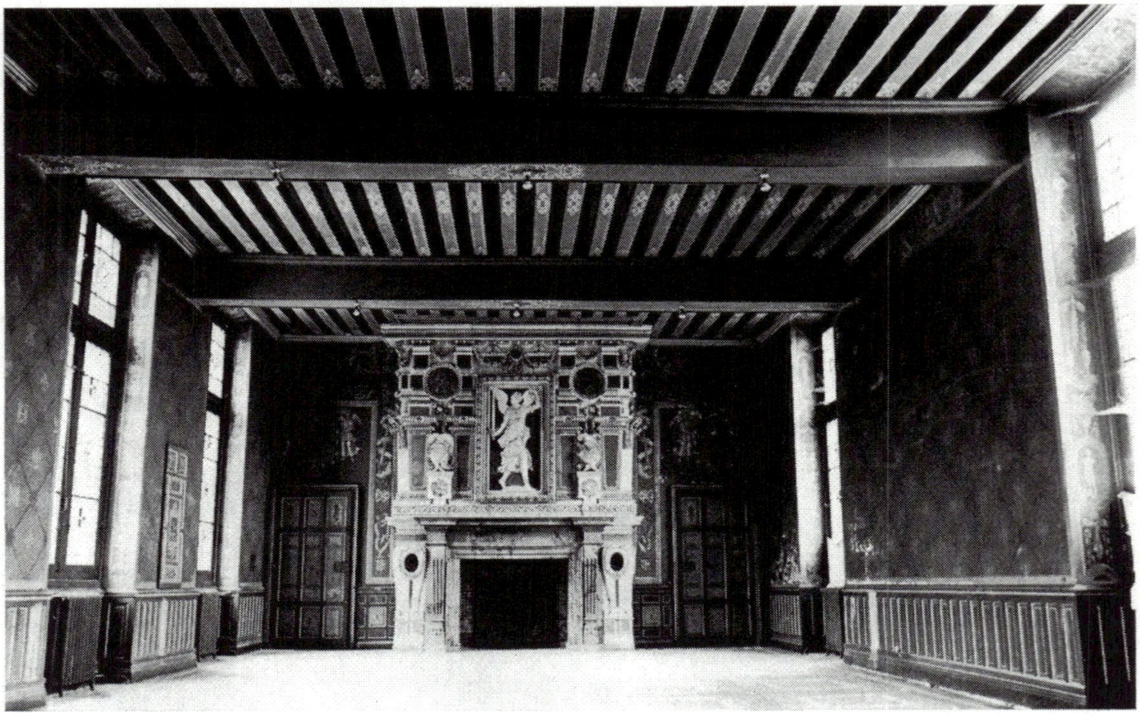

11. Galerie im Westflügel.

12. Festsaal mit dem Prunkkamin im Nordflügel (Ausmalung von 1851).

13

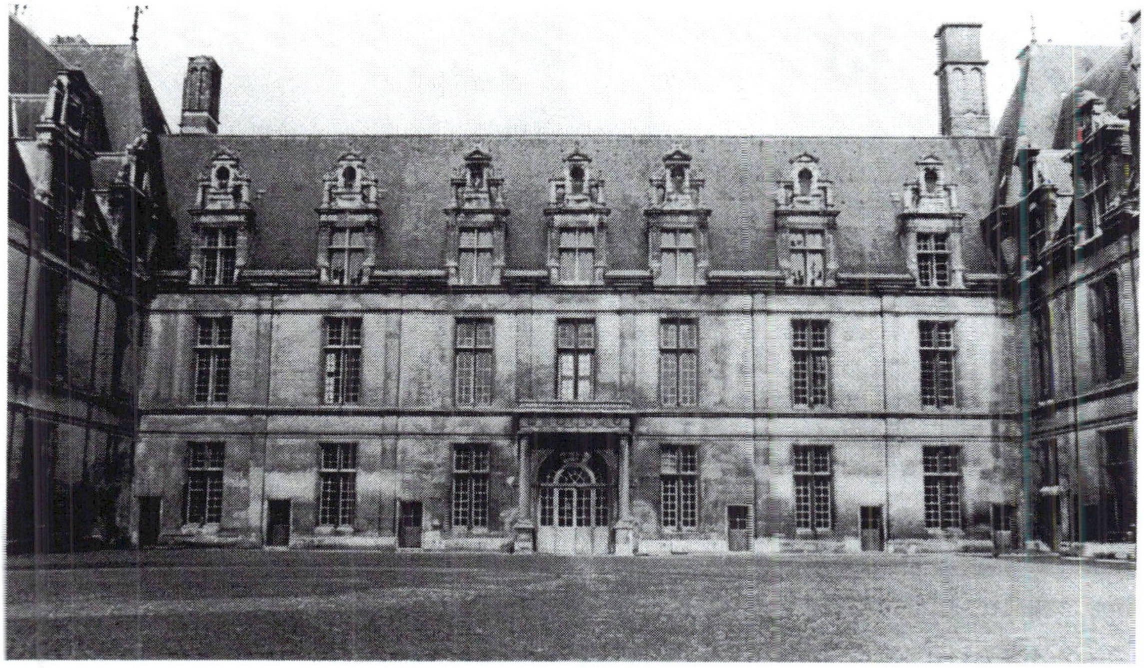

14

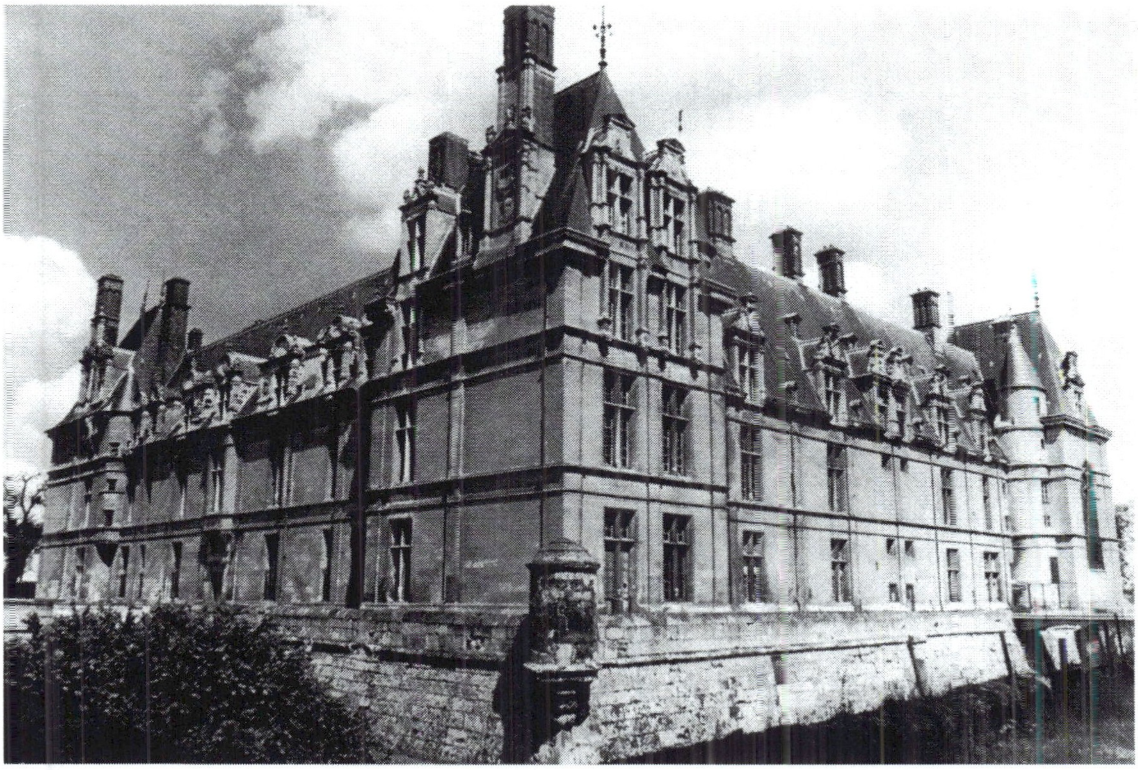

13. Hoffront des Westflügels.

14. Südwestpavillon.

15
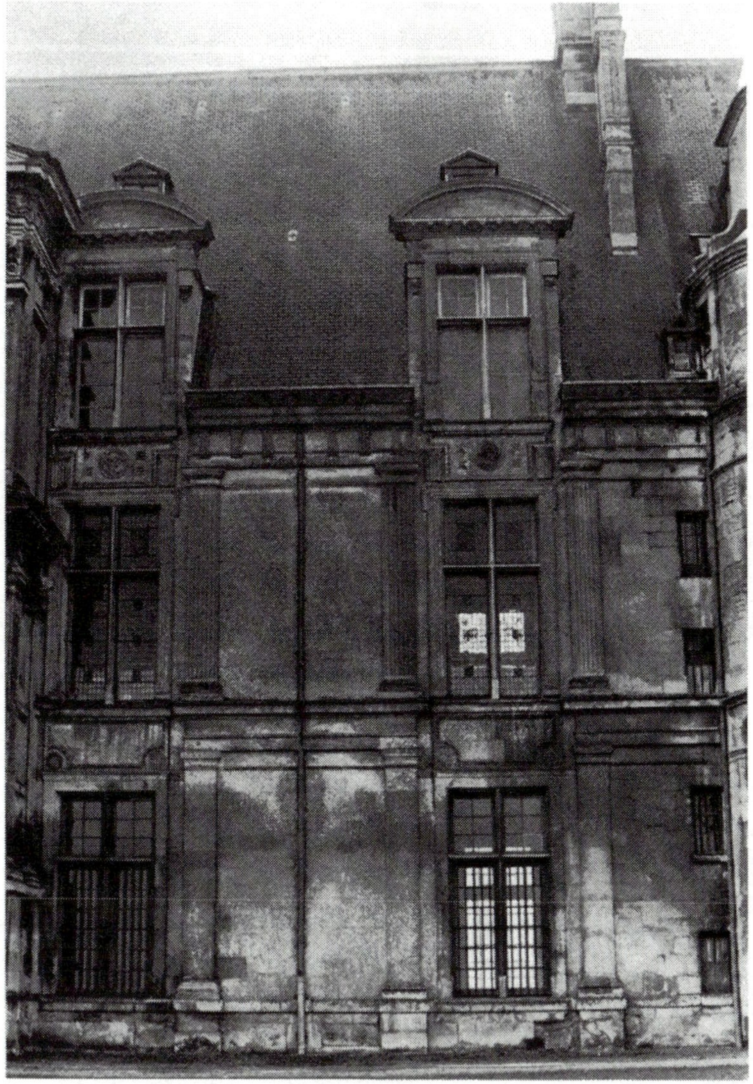
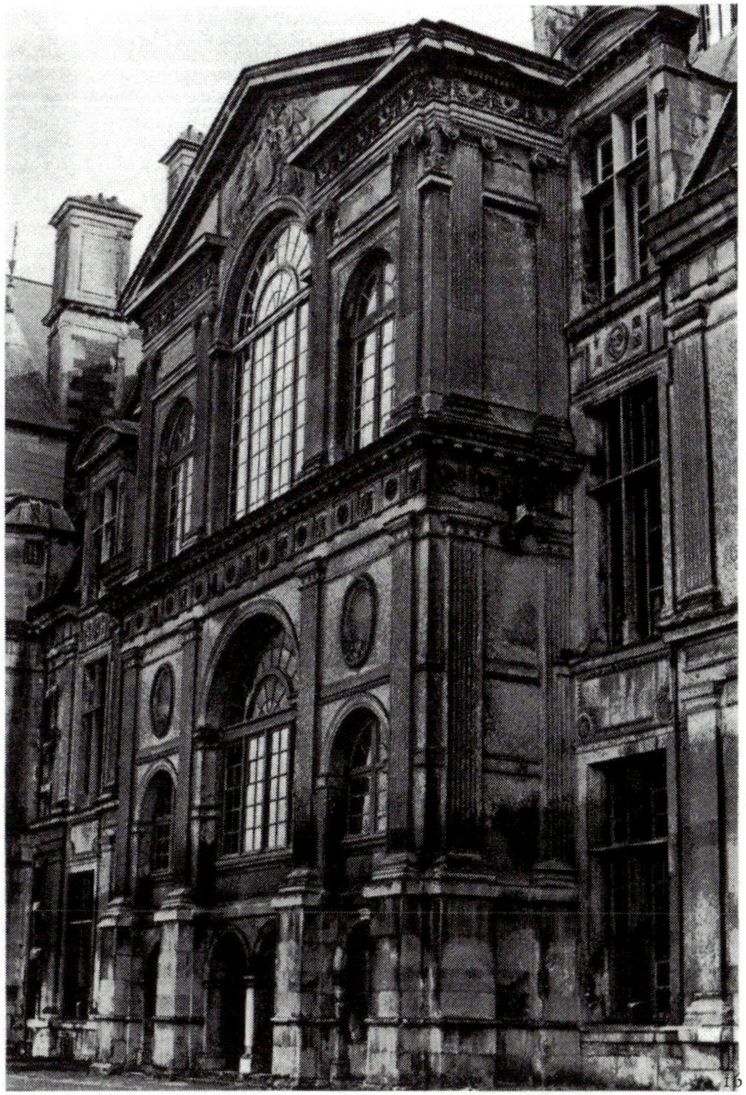
16

15. Außenfront des Nordflügels (rechte Hälfte).

16. Loggia.

17 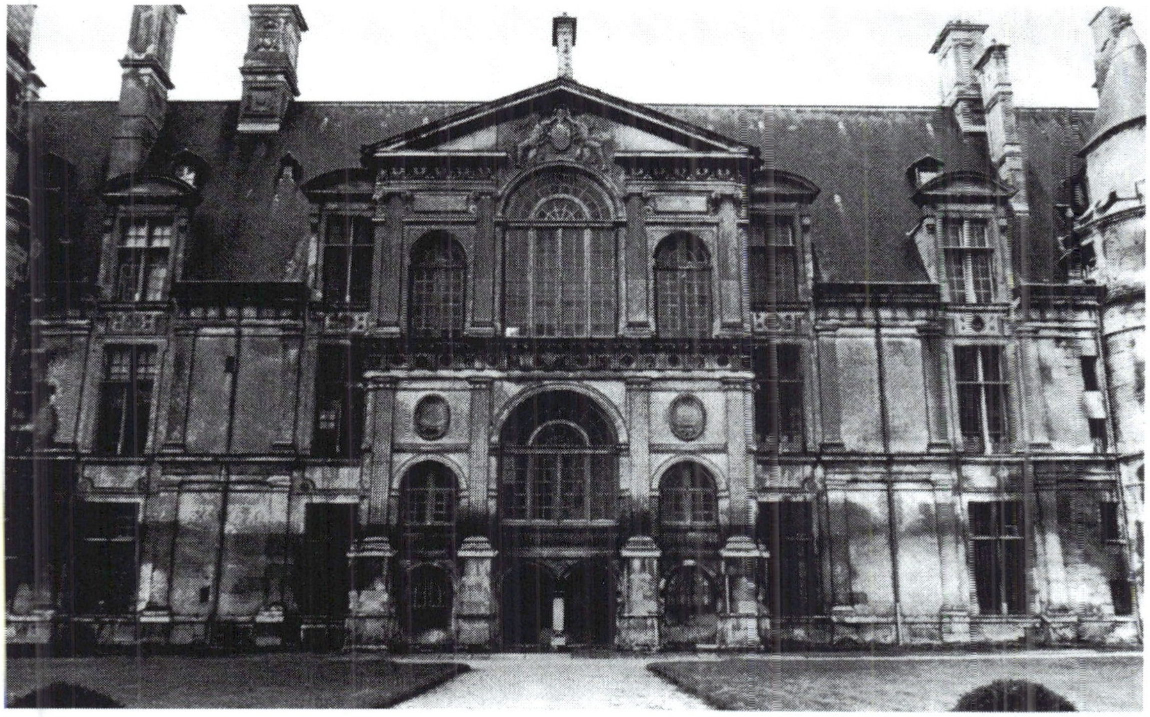

18 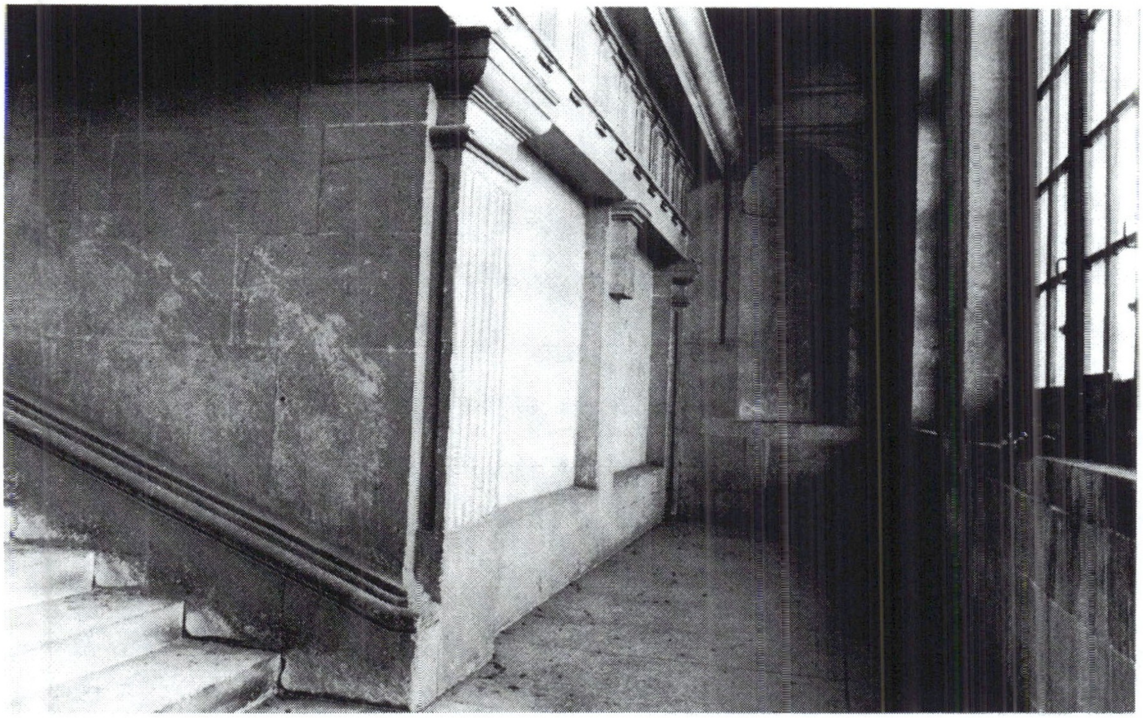

17. Außenfront und Loggia des Nordflügels.

18. Zweiter Treppenabsatz im Innern der Loggia.

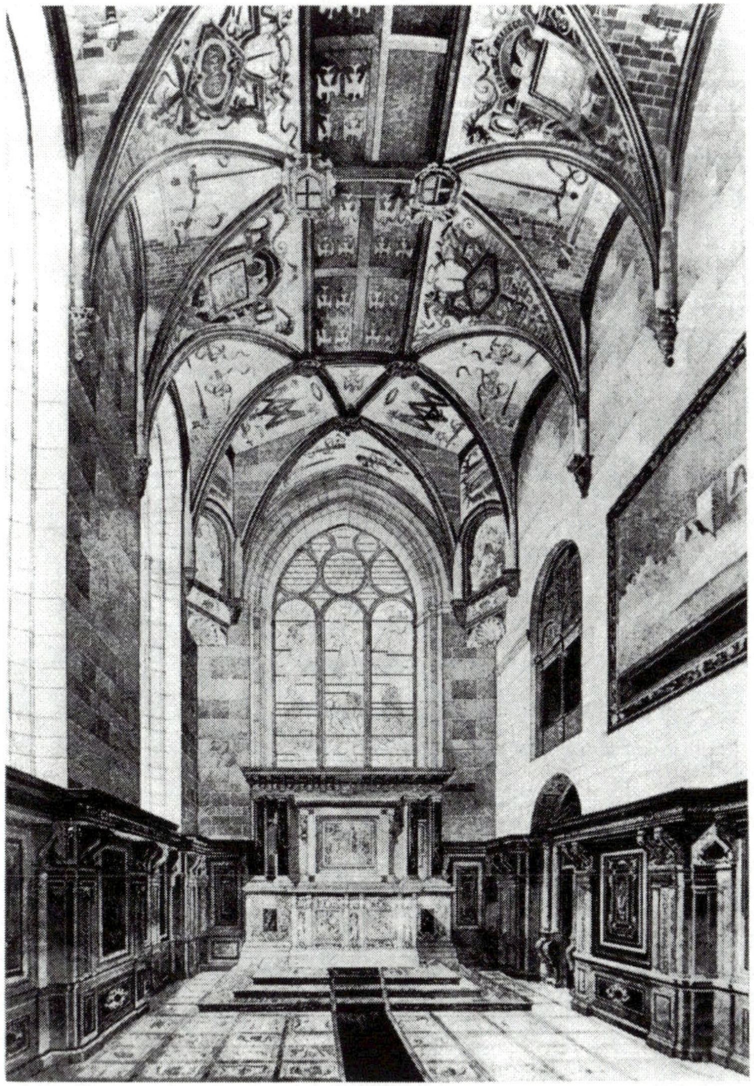

19

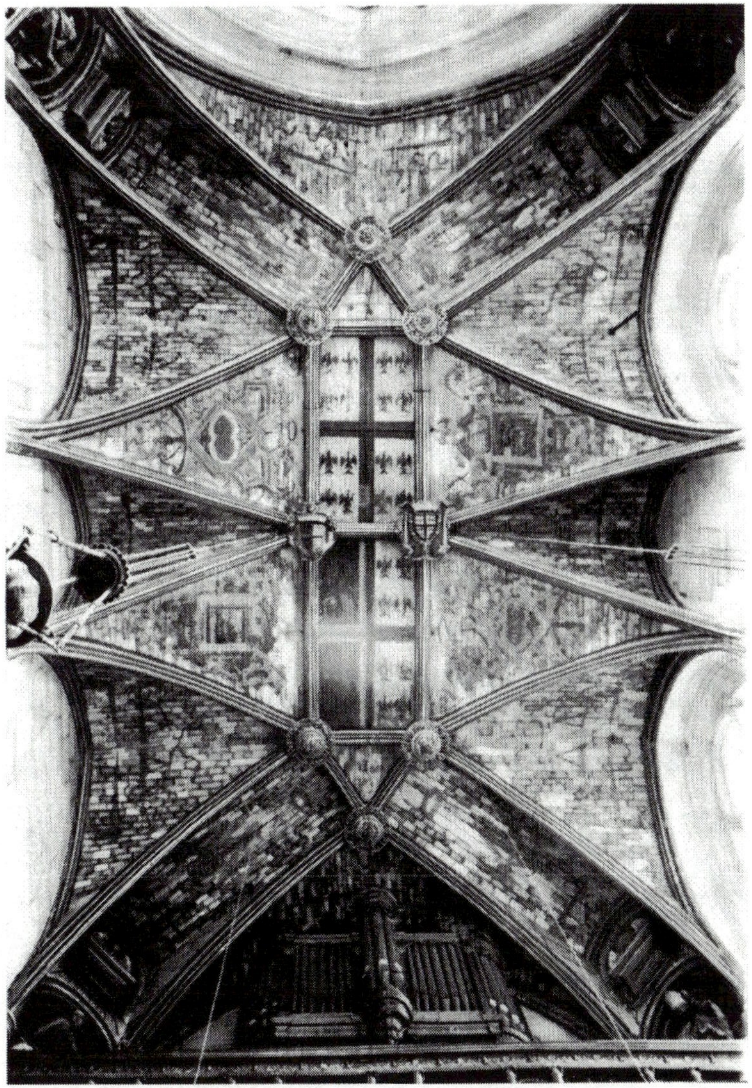

20

19. Kapelle. Nach einer rekonstruierenden Bauaufnahme von Dutocq, 1891.

20. Gewölbe der Kapelle.

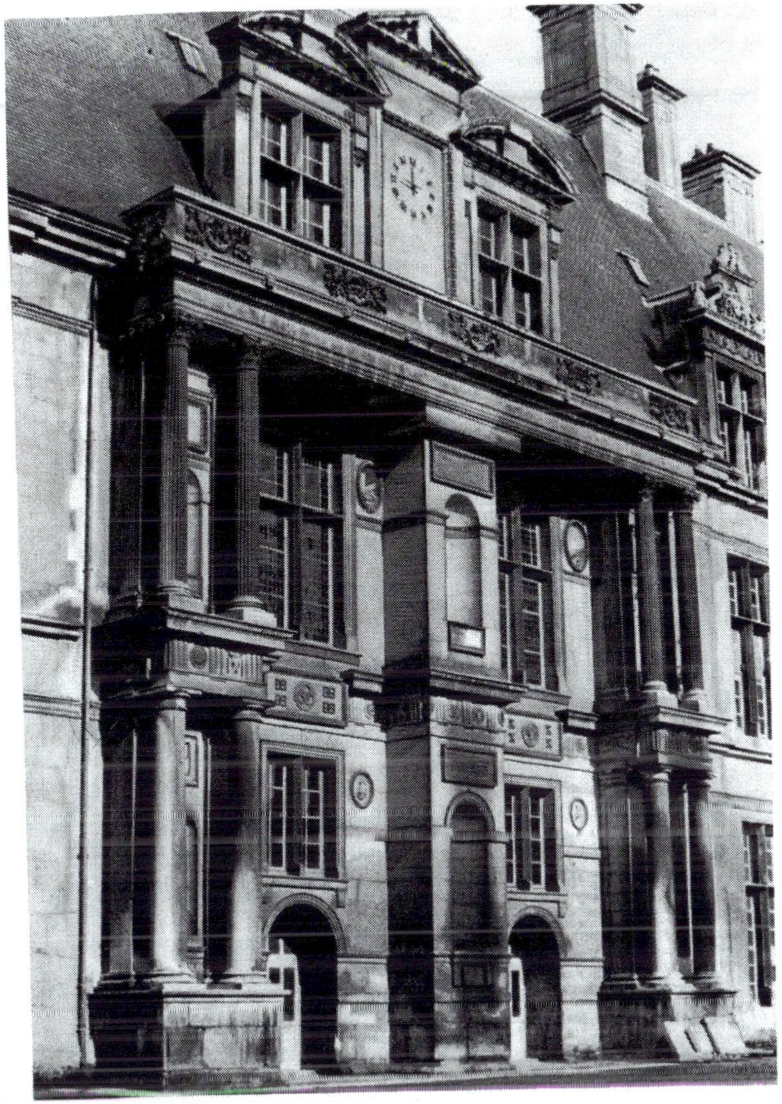
21

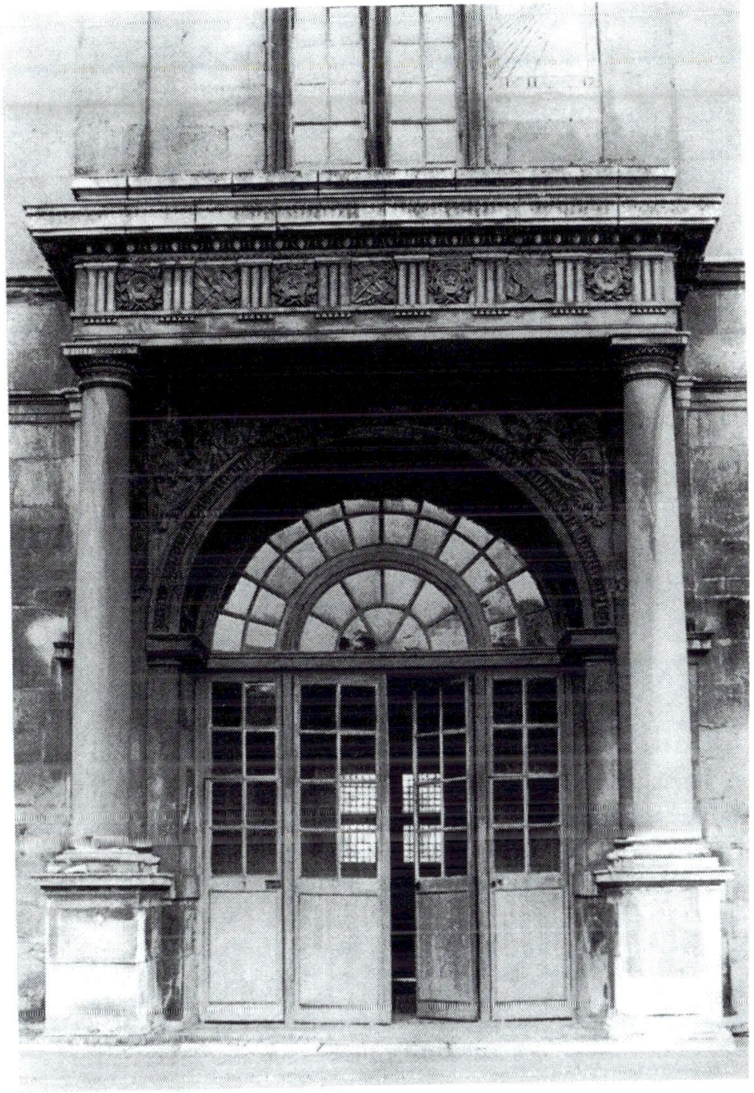
22

21. Portikus am Nordflügel.

22. Portikus am Westflügel.

23
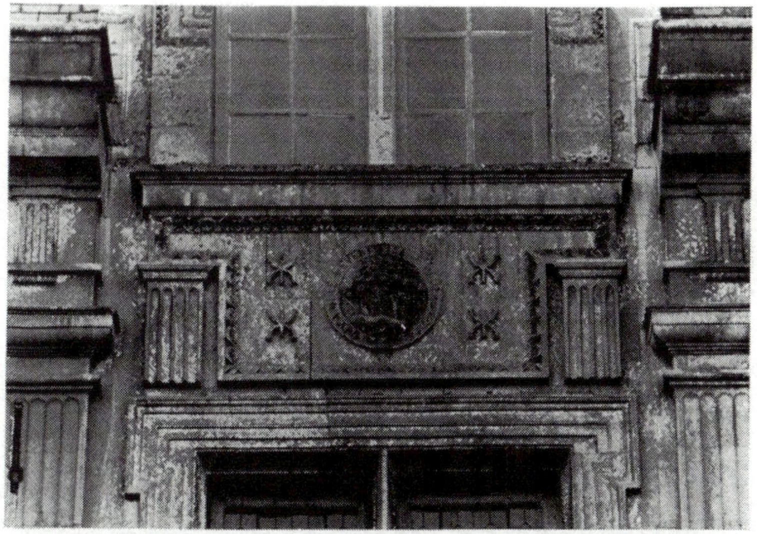

24
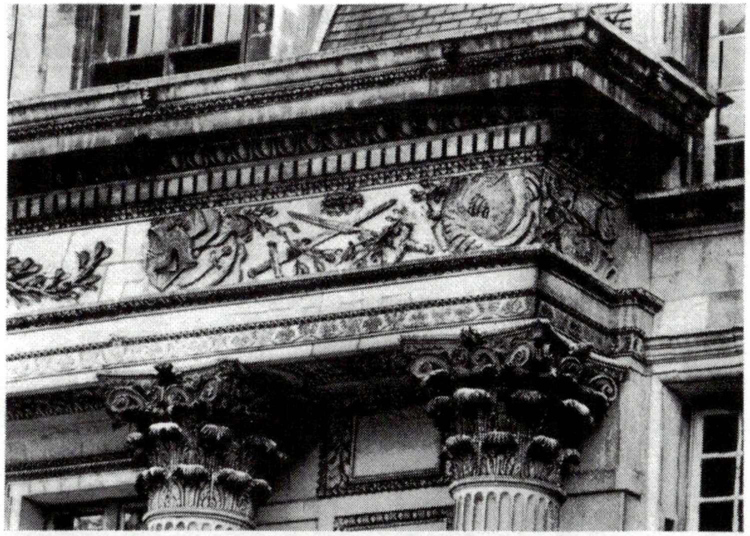

25
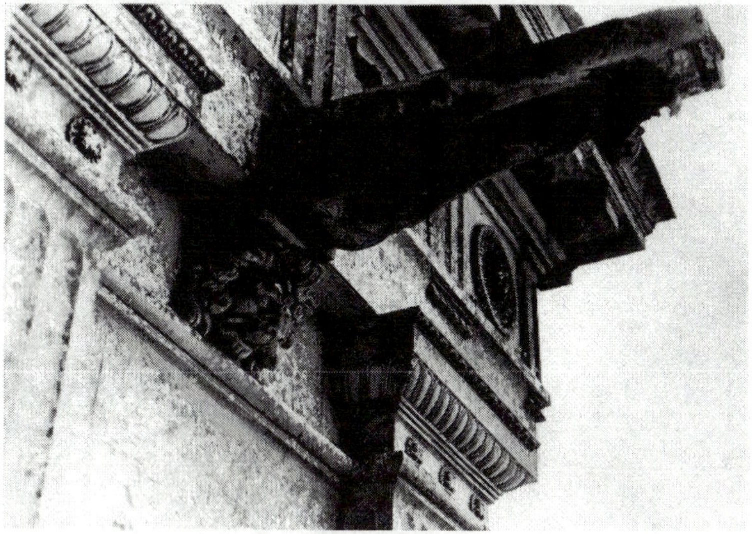

26
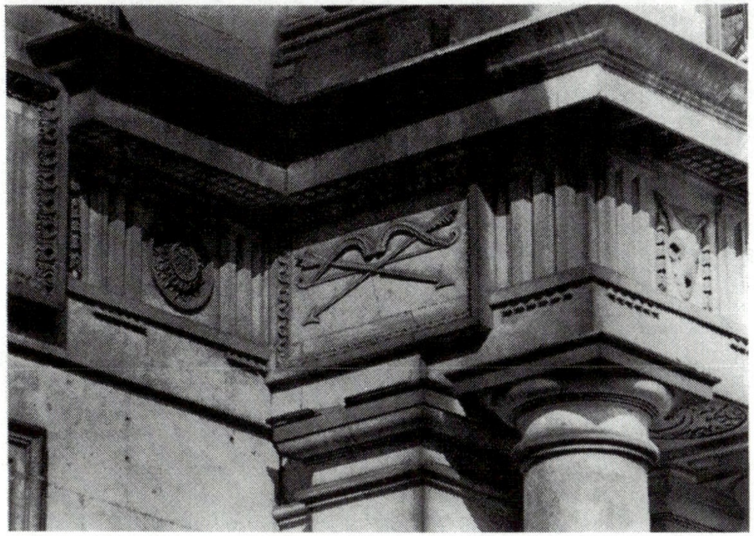

23. Table d'attente an der Außenfront des Nordflügels.

25. Wasserspeier an der linken Flanke der Loggia.

24. Gebälk vom Portikus des Südflügels.

26. Gebälk vom Portikus des Nordflügels.

27

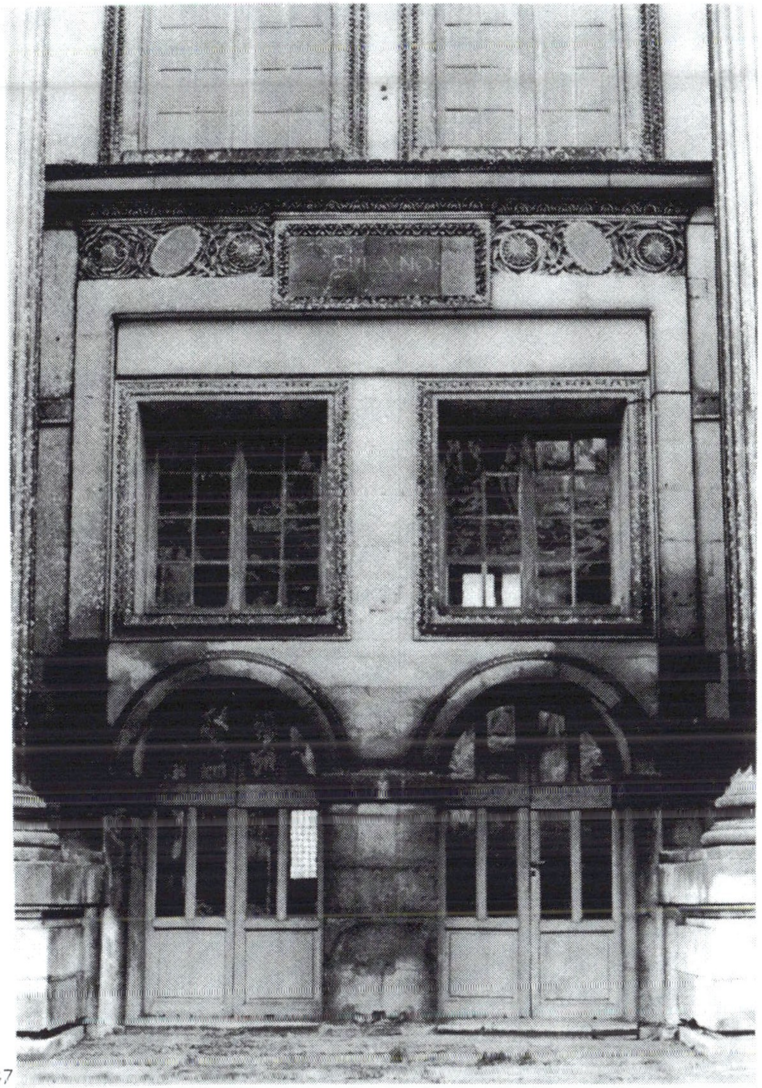

28

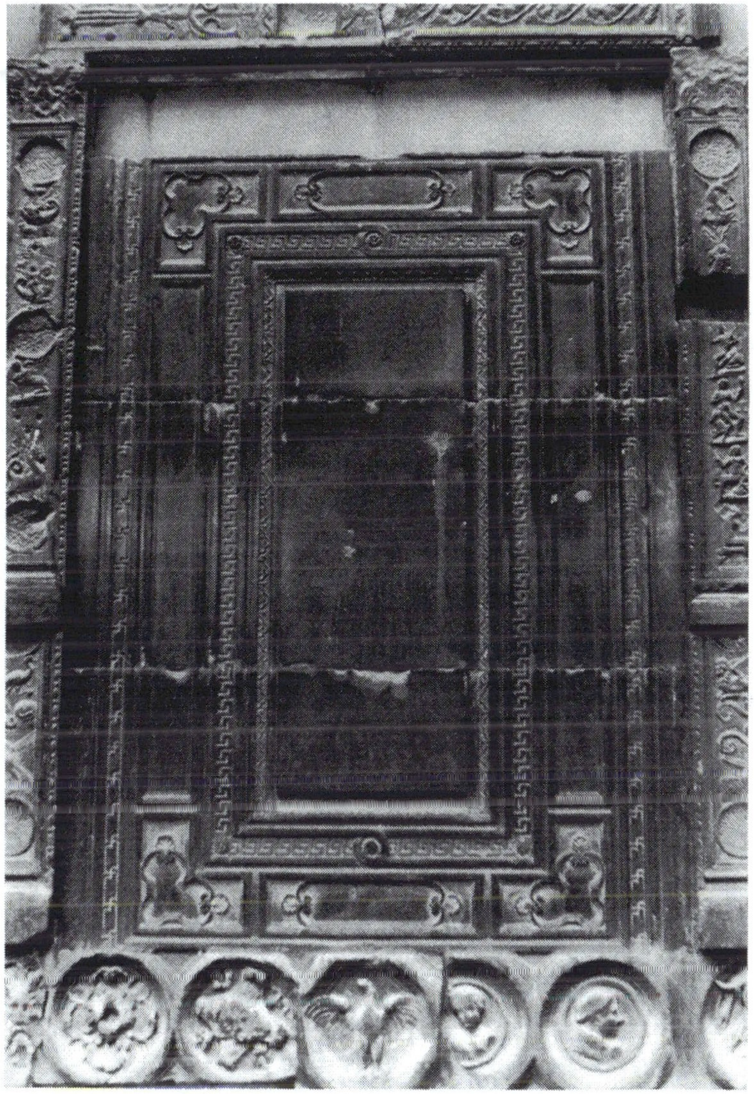

27. Portal des Portikus am Südflügel.

28. Decke aus dem Vestibül des Eingangsportikus.

29

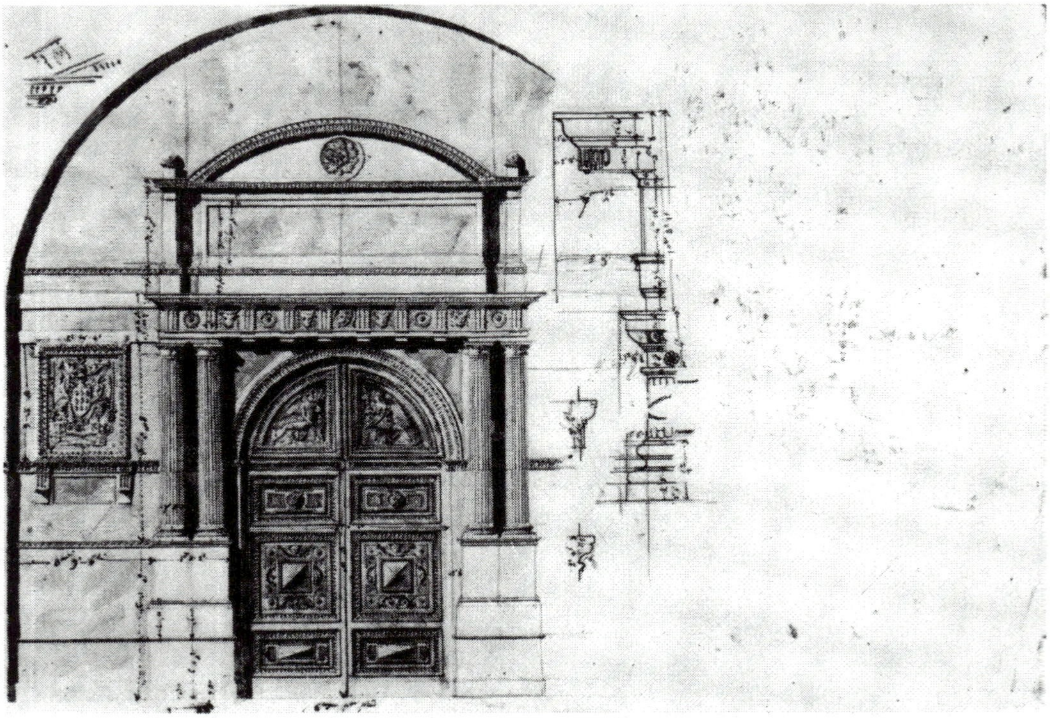

30

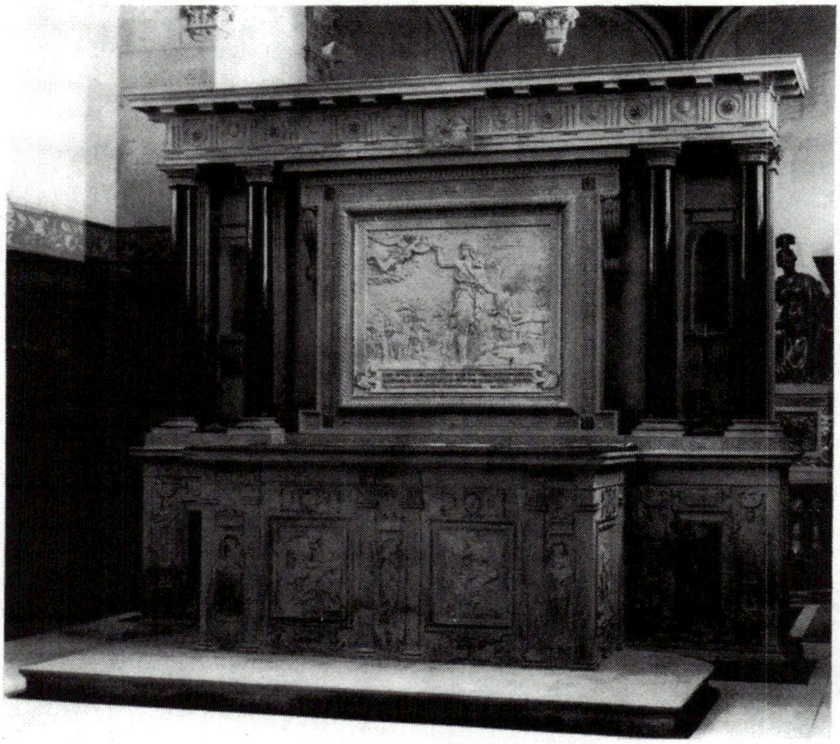

29. Eingangsportikus der Kapelle. Nach Percier.

30. Altar.

31

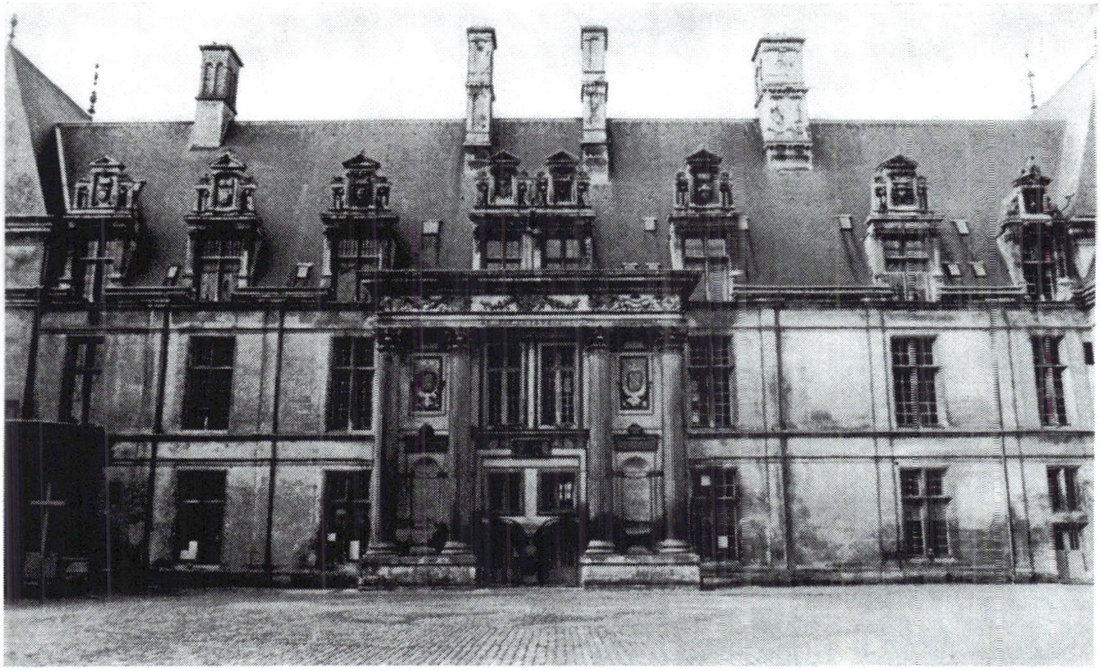

32

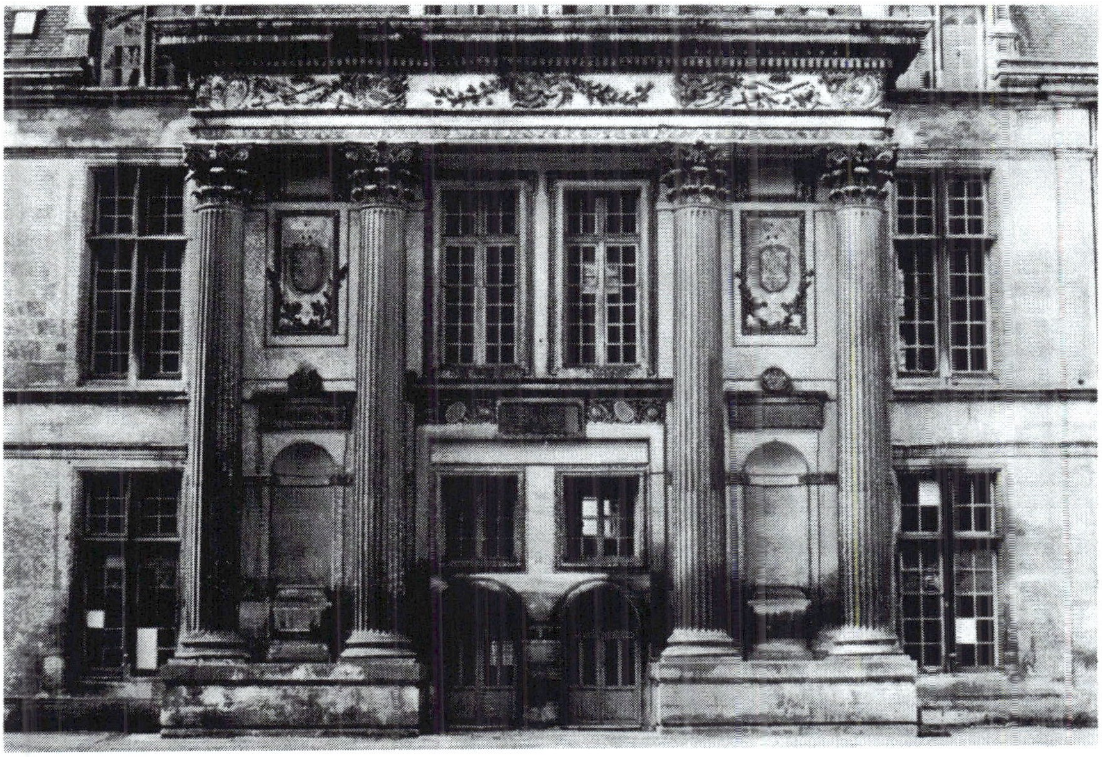

31. Hoffront des Südflügels.

32. Portikus am Südflügel.

33

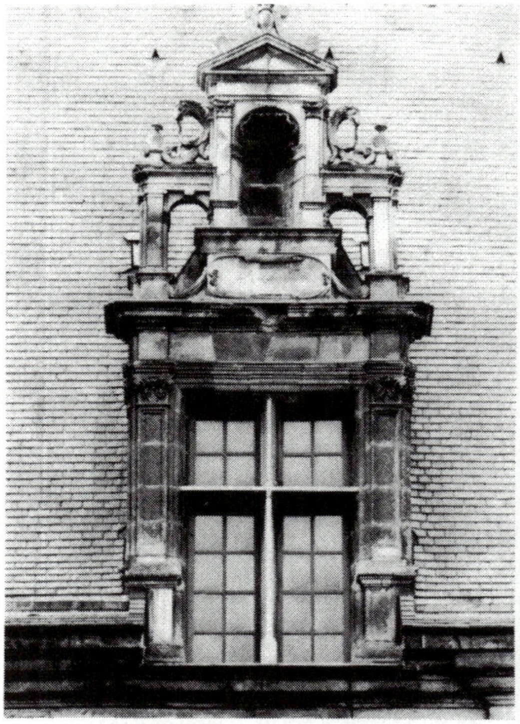

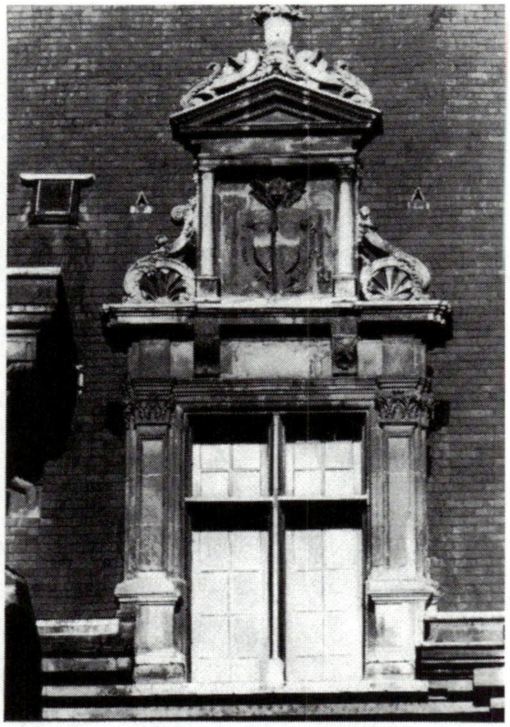

35

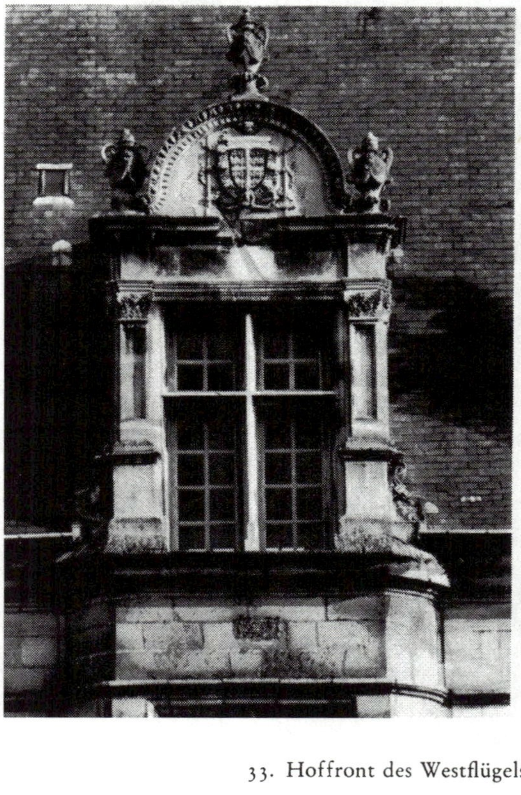

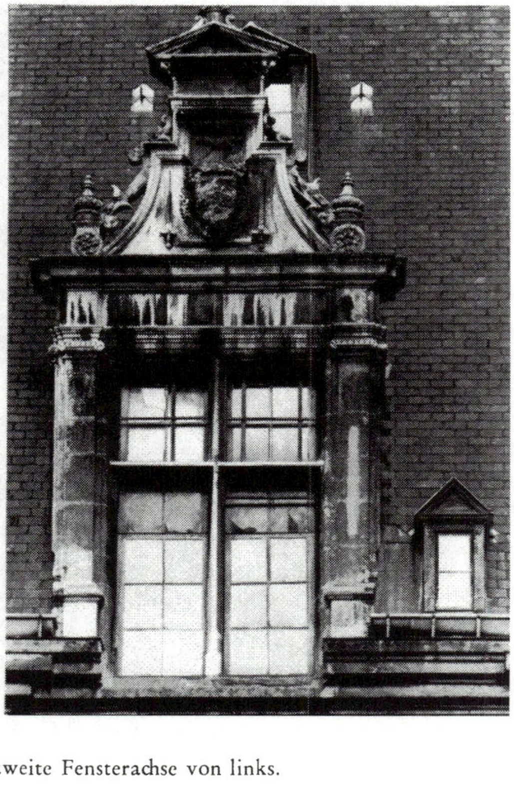

33. Hoffront des Westflügels, zweite Fensterachse von links.

34. Hoffront des Nordflügels, erste Fensterachse von links.

35. Außenfront des Westflügels, Mitte.

36. Außenfront des Südflügels, zweite Fensterachse von rechts.

37
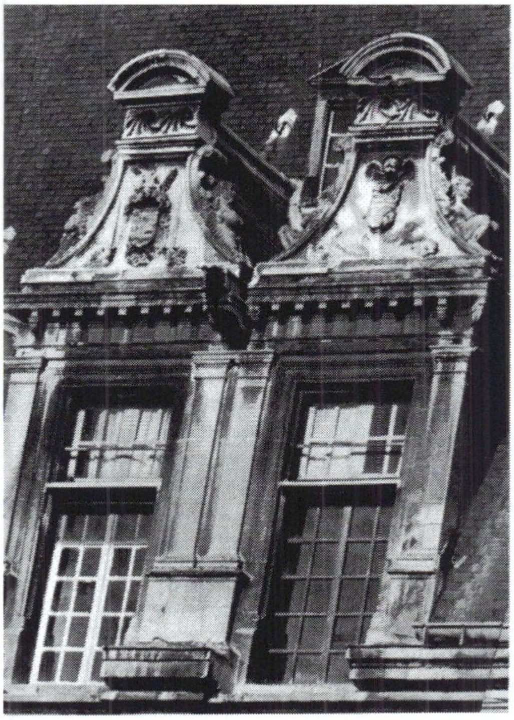

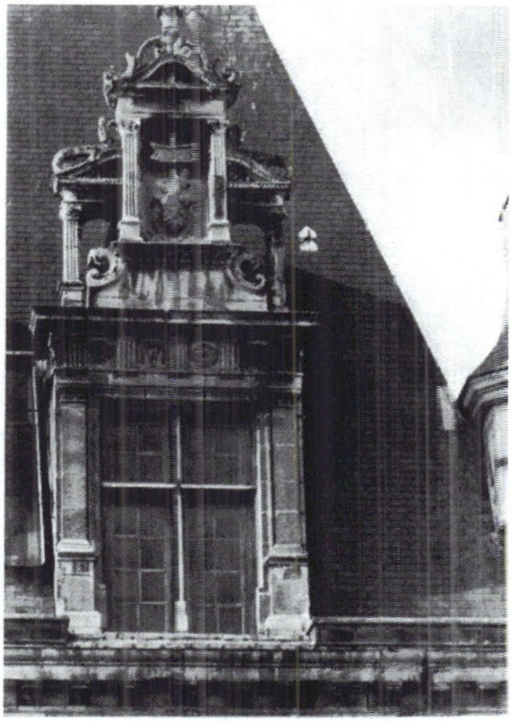
38

39
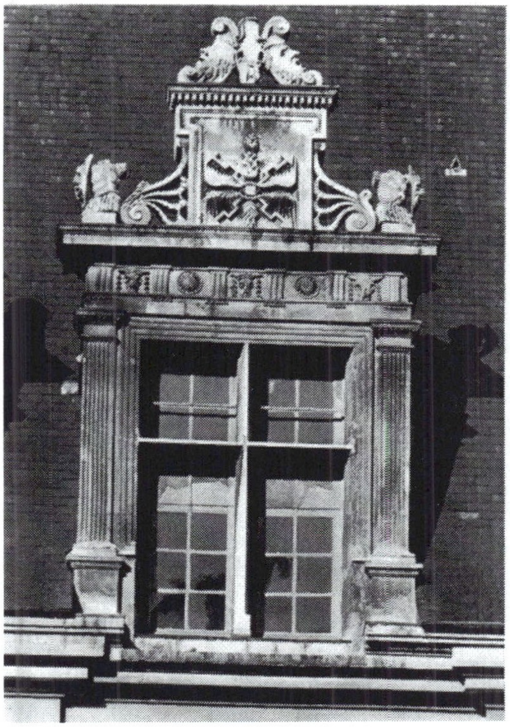

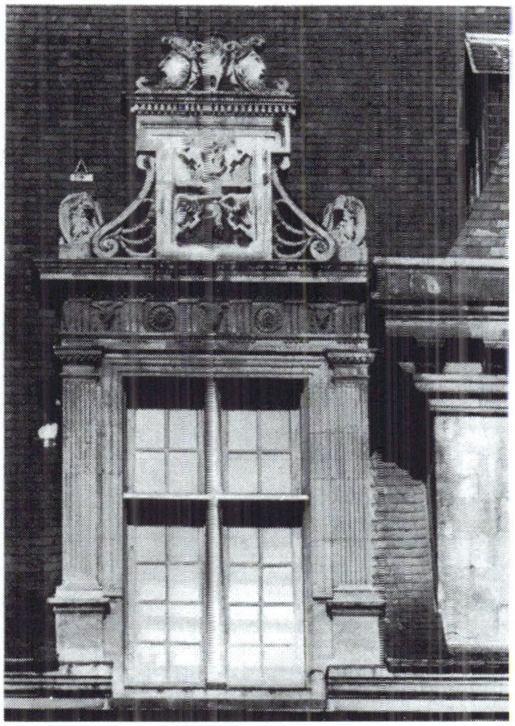
40

37. Außenfront des Südflügels, Mitte.

38. Südostpavillon, Ostseite.

39. Hoffront des Nordflügels, zweite Fensterachse von rechts.

40. Hoffront des Nordflügels, erste Fensterachse von rechts.

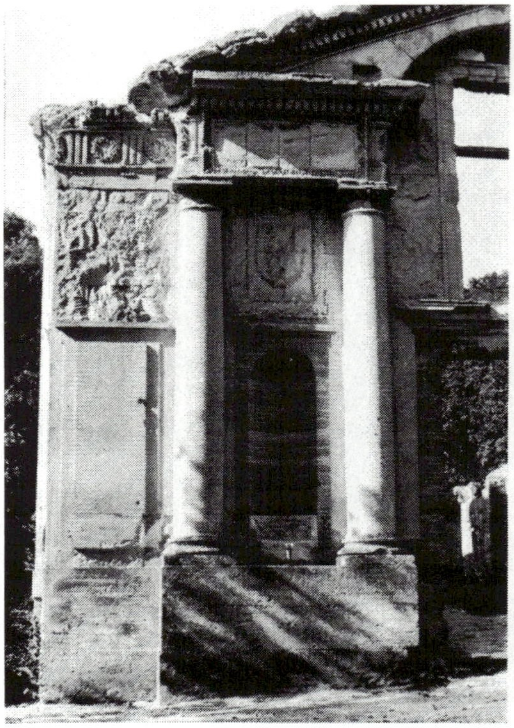

41

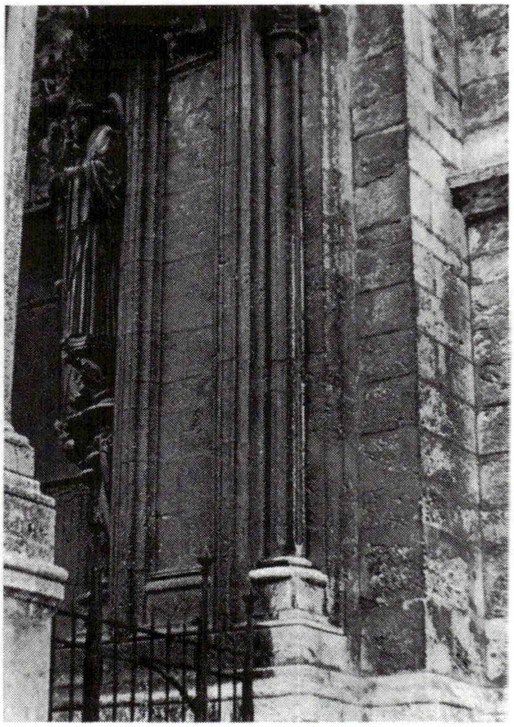

42

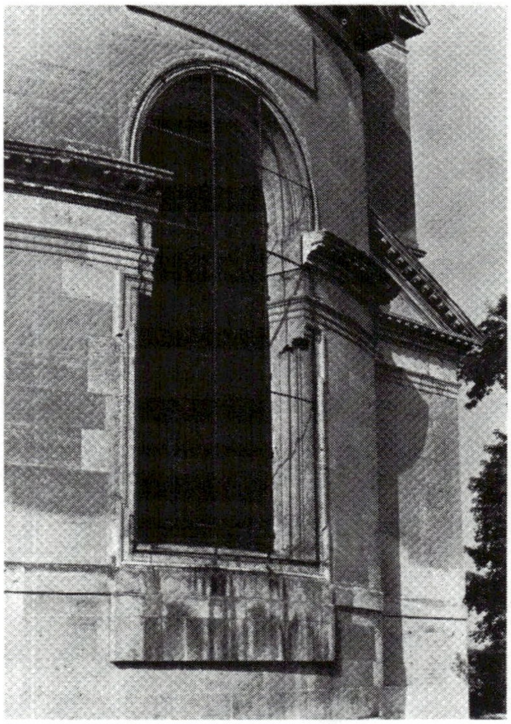

43

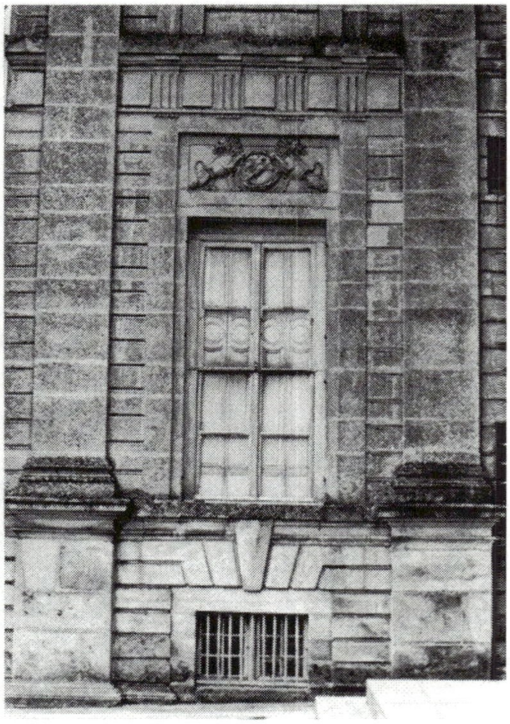

44

41. *Fère-en-Tardenois.* Eingangsportikus der Brückengalerie.

42. *Chartres.* Südliches Querhausportal der Kathedrale.

43. *Anet.* Fenster der Schloßkapelle.

44. *Vaux-le-Vicomte.* Fenster im Hauptgeschoß des Schloßbaus.

Kolibri 360 GmbH
Ferdinand-Jühlke-Straße 7
99095 Erfurt, Deutschland
produktsicherheit@kolibri360.de